住宅装饰装修一本通

孙培都　谢宝英　主编

中国建筑工业出版社

图书在版编目（CIP）数据

住宅装饰装修一本通/孙培都，谢宝英主编.—北京：中国建筑工业出版社，2019.2

ISBN 978-7-112-23135-5

Ⅰ.①住… Ⅱ.①孙… ②谢… Ⅲ.①住宅—室内装饰设计 Ⅳ.① TU-241

中国版本图书馆 CIP 数据核字（2018）第 298088 号

责任编辑：杨　杰　李春敏
责任设计：李志立
责任校对：芦欣甜

住宅装饰装修一本通
孙培都　谢宝英　主编

*

中国建筑工业出版社出版、发行（北京海淀三里河路9号）
各地新华书店、建筑书店经销
北京点击世代文化传媒有限公司制版
北京缤索印刷有限公司印刷

*

开本：787×960 毫米　1/16　印张：15¾　字数：314 千字
2019 年 2 月第一版　2019 年 2 月第一次印刷
定价：59.00 元
ISBN 978-7-112-23135-5
（33222）

版权所有　翻印必究
如有印装质量问题，可寄本社退换
（邮政编码 100037）

编审委员会

顾　　问：刘晓一　李杰峰
主　　任：罗　胜　樊淑玲　赵乐丽
副 主 任：孙喜顺　王国彬　苏国义　屈桂林　陈传东
　　　　　高　俊　郑　芸　石向明　井朋光　罗　威

编写委员会

主　　编：孙培都　谢宝英
参编委员：(排名不分先后)
　　　　　叶长有　张朝银　张立功　车海彬　王正红　汤国江　杨晓东
　　　　　薛大纬　沈　晖　冷劲松　王建如　杨瑞华　徐新明　陈永鸿
　　　　　汪增明　张伟峰　刘俊桥　张　宇

工作组

李　颖　王国春　李　聪　徐亚娟　张建茹　聂金津　崔　健　文宗勤

主编单位

中国建筑装饰协会全装修产业分会
北京市建筑装饰协会住宅装饰装配委员会
河南省建筑装饰装修协会

副主编单位

北京市金龙腾装饰股份有限公司
深圳市彬讯科技有限公司（土巴兔装修网）
欣叶安康建设工程有限公司
河南天工建设集团有限公司
兰舍硅藻新材料有限公司
德爱威（中国）有限公司
新美涂（北京）建筑装饰有限公司
江苏银羊不锈钢管业有限公司

福建远航建筑装修设计工程有限公司
上海霹雳艺术装饰有限公司
广东优冠生物科技有限公司
广东华浔品味装饰集团有限公司
崛起建筑装饰集团有限公司
中建七局建筑装饰工程有限公司
康利达装饰股份有限公司
中饰企服（北京）咨询有限公司

参编单位

合肥建工装饰工程有限责任公司
北京佳时特装饰工程有限公司
南京硕峰装饰材料有限公司
北京鸿屹丰彩装饰工程有限公司
广东依来德建材有限公司

审定委员

韩力伟　王景升　黄新科　徐　毅　申有俊　张金杰　殷德建

前 言

为贯彻新时期"适用、经济、绿色、美观"的建筑方针，进一步提升住宅装修施工应用技术水平和标准化水平，大力推进新技术、新材料、新工艺，促进行业转型升级发展，中国建筑装饰协会全装修产业分会、北京市建筑装饰协会住宅装饰装配委员会、河南省建筑装饰装修协会经研究，决定共同组织国内建筑装饰产业链骨干企业编写《住宅装饰装修一本通》。以填补目前缺少权威住宅装饰装修工程指导类书籍的空白。

随着国内建筑行业的快速发展，住宅装饰装修在建筑学科中的作用越来越突出。住宅装饰装修是建筑工程与家居文化、建筑结构与环境艺术相结合的专业技术。它能使民用住宅在使用功能上、装饰功能上更加完美，直接关乎人们的衣、食、住、行中"住"的幸福指数。

近年来，装饰装修行业在大力发展中，发现一些亟待解决、提高的相关问题。例如：如何提高装修人员的专业知识、施工工艺水平，以保证住宅装饰装修的工程质量水平稳步发展。为了住宅装饰装修行业的施工技术的提升，满足广大装饰装修从业人员的学习、培训的需要，满足广大消费者对住宅装饰装修科普知识的诉求。我们组织了国内拥有二十多年从业经验的专家、高级工程技术人员编写了本图书，明确装修施工与技术标准的关系，以及建材品质与施工质量的关系。

本书具有两大显著特点：一是：内容全面系统。二是：针对性强，编写方法通俗易懂。

本书共分五篇：装修选材、施工工艺、预算报价、施工验收、常见装修问题300问。每篇又包含若干章、节。它重视装饰知识的系统性、专业性、实用性。对自学装饰装修知识的工程人员、设计人员、从业人员，具有较强的指导意义。在编写过程中，参编委员们和审定专家为完善书稿付出了艰辛的劳作。本书在编写过程中还得到许多同行的支持，在此一并表示感谢！

本书适用建筑住宅装饰装修从业人员，大专院校的同学们学习、借鉴、参考使用，也适合广大的消费者阅读学习。由于编者水平有限，虽然本书反复修改多次，但仍不能避免许多错误和疏漏，恳请各位专家和读者同仁批评指正。

2018年11月

目 录

装饰选材篇 ··· 1
1 面层材料 ·· 1
   1.1 瓷砖 ·· 1
   1.2 地板 ·· 2
   1.3 石材 ·· 5
   1.4 壁纸 ·· 6
   1.5 涂料 ··· 11
   1.6 硅藻泥、贝壳粉 ·· 16
   1.7 玻璃 ··· 21
   1.8 厨卫吊顶 ··· 23
   1.9 木饰面 ·· 24
2 基层材料 ·· 26
   2.1 水泥 ··· 26
   2.2 预拌砂浆 ··· 27
   2.3 轻钢龙骨 ··· 29
   2.4 石膏板 ·· 30
   2.5 石膏、腻子 ·· 31
   2.6 板材 ··· 34
   2.7 防水材料 ··· 36
3 水电材料 ·· 39
   3.1 电管、电线及器材 ··· 39
   3.2 给水排水管 ·· 40
4 装饰产品及其他 ·· 44
   4.1 橱柜 ··· 44
   4.2 卫浴产品 ··· 47
   4.3 采暖产品 ··· 50
   4.4 门窗 ··· 52
   4.5 绿色建材 ··· 60

施工工艺篇 ······ 67

1 设计原则与图纸 ······ 67
1.1 实用功能设计 ······ 67
1.2 装饰功能设计 ······ 68
1.3 装饰图纸 ······ 70
1.4 施工审图 ······ 71
1.5 成品保护 ······ 72

2 吊顶工程 ······ 74
2.1 保温层置顶施工工艺 ······ 74
2.2 轻钢龙骨纸面石膏板吊顶施工工艺 ······ 75
2.3 顶面、墙面粉刷石膏找平施工工艺 ······ 79
2.4 墙、顶面抗碱玻纤网嵌入施工工艺 ······ 82

3 隔墙工程 ······ 84
3.1 非承重轻型砌块隔墙施工工艺 ······ 84
3.2 墙面水泥砂浆找平施工工艺 ······ 87
3.3 轻钢龙骨石膏板隔墙施工工艺 ······ 90
3.4 墙面石膏板找平施工工艺 ······ 94

4 墙体饰面工程 ······ 96
4.1 饰面砖施工工艺 ······ 96
4.2 涂饰工程施工工艺 ······ 101
4.3 打胶工程施工工艺 ······ 110
4.4 木装饰墙、梁施工工艺 ······ 111

5 地面工程 ······ 115
5.1 地面水泥砂浆找平层施工工艺 ······ 115
5.2 陶粒垫层施工工艺 ······ 118
5.3 地面铺砖、石材施工工艺 ······ 122

6 防水、防潮工程 ······ 127
6.1 涂膜防水工程施工工艺 ······ 127
6.2 卷材防水工程施工工艺 ······ 130

7 加设楼层板工程 ······ 133
7.1 加设混凝土层板地面施工工艺 ······ 133
7.2 加设木质层板地面施工工艺 ······ 135

8 给排水管路施工安装工程 ······ 137
8.1 给水管路施工工艺 ······ 137

  8.2 给水薄壁不锈钢管管线施工工艺 ················· 143
  8.3 排水管线施工工艺 ······························ 146
9 电气安装工程 ·· 151
  9.1 施工准备 ··· 151
  9.2 电管敷设施工工艺 ······························ 152
  9.3 电路穿线施工工艺 ······························ 156
  9.4 开关、插座、灯具等安装施工工艺 ············ 160
  9.5 住宅智能化系统 ································· 162
10. 装修工程质量问题解析 ····························· 164
  10.1 水电工施工项目 ································ 164
  10.2 木工施工项目 ··································· 167
  10.3 瓦工施工项目 ··································· 169
  10.4 油工施工项目 ··································· 171

预算报价篇 ·· 175

1 报价体系原则 ·· 175
  1.1 预算报价 ··· 175
  1.2 编写报价体系参考城市 ························ 175
  1.3 其他说明 ··· 176
  1.4 北京、上海、广东装饰预算定额书籍的推荐 ····· 176
2 预算报价（2018年度制表） ························ 177
  2.1 基础施工项目预算报价 ························ 177
  2.2 水电工程项目预算报价 ························ 182
  2.3 瓦木项目预算报价 ······························ 187
  2.4 配套装饰项目预算报价 ························ 191

施工验收篇 ·· 193

1 标准与验收单 ·· 193
2 装饰工程检查验收单 ································ 196

文明施工巡查记录、主材安装质量检查单 ············ 215

附录 A：文明施工巡查记录 ·· 215
附录 B：橱柜安装质量检查单 ···································· 217
附录 C：卫浴、部件安装质量检查单 ····························· 218
附录 D：室内门窗、垭口安装检查单 ····························· 219
附录 E：地板安装检查单 ·· 220
附录 F：壁纸铺贴检查单 ·· 221

常见装修问题 300 问 ·· 223

1 装修工程判断问题 200 问 ······································ 223
   1.1 安全施工判断问题 49 问 ···································· 223
   1.2 电路施工判断问题 44 问 ···································· 225
   1.3 给水排水施工判断问题 19 问 ······························· 227
   1.4 施工尺寸和答案选择问题 19 问 ··························· 228
   1.5 瓦工施工判断问题 41 问 ···································· 229
   1.6 木作施工判断问题 20 问 ···································· 231
   1.7 涂饰施工判断问题 8 问 ······································ 232

2 装修施工填空问题 100 问 ······································ 234
   2.1 现场管理及水电路填空问题 33 问 ························· 234
   2.2 装修各工种施工填空问题 44 问 ··························· 235
   2.3 装修设计、材料、施工一般规定填空问题 23 问 ········· 238

装饰选材篇

1 面层材料

1.1 瓷砖

瓷砖是以耐火的金属氧化物及半金属氧化物，经由研磨、混合、压制、施釉、烧结过程，而形成的一种耐酸碱的瓷质或石质面层装饰材料。其原材料多由黏土、石英砂等混合而成。

1.1.1 瓷砖分类

1. 按用途功能：外墙砖、内墙砖、地砖。
2. 按品种：抛光砖、仿古砖、全抛釉、玻化砖、微晶石砖、大理石瓷砖。
3. 按生产工艺：抛光砖、釉面砖、印花砖、通体砖。
4. 按外观光泽：亮面砖、亚光砖。
5. 特性：品种繁多、花色丰富、规格多样。住宅内常年使用，变色小，耐擦拭、耐磨、耐酸、耐碱，不留污泽，易于清洗，是住宅理想的面层装饰材料。
6. 代表性瓷砖的简介（图1-1～图1-3）

1）釉面砖，在砖的表面经过烧釉处理的砖。它基于原材料的差别，可分为两种：陶制釉面砖，（陶土烧制）吸水率较高，强度相对适中；瓷制釉面砖，即由瓷土烧制而成，吸水率较低，强度相对较高，其主要特征是背面颜色是灰白色。

2）抛光砖就是通体坯体的表面经过抛光打磨而成的一种光亮的砖种。抛光砖属于通体砖的一种。抛光砖性质坚硬耐磨，适合在室内厅房地面使用。抛光砖在运用渗花技术的基础上，可做出各种仿石、仿木效果地砖。

3）玻化砖（全瓷砖），其表面光洁不需要抛光，采用高温烧制而成。质地比抛光砖更硬、更耐磨。玻化砖主要是地面砖。

4）马赛克（陶瓷锦砖）是一种特殊小规格的砖，它一般由数十块小块的砖组成一个相对的砖面，小巧玲珑、色彩斑斓，被广泛使用于室内小幅墙面和地面装饰。它又分为陶瓷马赛克、大理石马赛克、玻璃马赛克等。其中，欧式风格装修工程中采用较多。

图1-1　客厅地面瓷砖

图1-2　卫生间仿古砖

图1-3　厨房墙地砖

1.1.2　选购方法

第一步：看釉面有无针孔、斑点，釉面质感，有无色差；瓷砖的颜色越清晰越好。

第二步：看瓷砖边角是否有变形、细小裂纹。测量瓷砖的两条对角线是否相等。

第三步：看瓷砖吸水率。一般来说，瓷砖的吸水率低，代表瓷砖的内在稳定性越高，适合湿气或水分含量较高的空间（如卫生间、厨房）。而检验瓷砖吸水率的常用方法是将瓷砖的背面倒水，渗透缓慢甚至不渗水的瓷砖质量较好。

第四步：听声音，通过用手进行敲击来听声音，辨别密度，声音清脆说明瓷砖瓷化密度和硬度高，质量好。声音发闷，可能陶土成分多些，瓷土成分偏少。

第五步：掂重量，重量越重，质地越好。

第六步：含水率低墙砖铺贴建议，用于厨卫墙面吸水率在0.5%～8%的瓷砖，用普通水泥砂浆铺贴。含水率低在0.5%以下瓷砖（地砖上墙），必须用瓷砖胶粘剂，否则很容易发生大面积空鼓和脱落质量问题。

第七步：瓷砖风格应与室内设计风格保持一致。尤其是欧式风格、西洋风格建议厨卫墙面采用小规格仿古砖为宜。

1.2　地板

1.2.1　地板分类

目前市场上主要有强化复合地板、实木复合地板、竹木地板、实木地板。生产地板国家有严格环保等级划分规定。强化地板和多层实木地板的等级划分，为E1

和 E0 两个等级必须符合现行国家标准《浸渍纸层压木质地板》GB/T18102 要求。

1. 各类地板的简介

1）强化复合地板（图 1-4）

强化地板是由原木木屑、经过粉碎、填加胶类粘合剂、防腐材料后，表面复合电脑花纹纸，加耐磨层，加工制作成。

强化地板是大众化产品。使用时间长短的是表面耐磨层的好坏和基材品质决定的。选用较好耐磨层，基材的耐水性达标，家庭使用 20 年以上是没有问题。价格档次多，最低 60～70 元，也有到 100 多元的。区别在环保性能，耐磨性能，阻燃性能，遇水膨胀性能，品牌知名度等是决定的价格主要因素。

2）多层实木复合地板

实木复合木地板是中高档产品、分为三层实木复合地板、多层实木复合地板。由于它是由不同树种的板材交错层压而成，因此克服了实木地板的缺点，它干缩湿胀率小，具有较好的尺寸稳定性，并保留了实木地板的自然木纹和舒适的脚感。适合喜欢实木地板的自然唯美，又怕实木地板收缩不稳定的客户。多层实木地板的环保性能也是依据品牌大小、品质优劣、价格高低所决定。

3）竹地板（图 1-5）

竹子经处理后制成的地板，既富有天然材质的自然美感，又有耐磨耐用的优点，而且防蛀、抗震。竹木地板冬暖夏凉、防潮耐磨、使用方便，尤其是可减少对木材的使用量，起到保护环境的作用。竹地板按结构分为层压、竖压、工型压等制造手法，环保等级划分和强化地板等级相同，分为 E1 和 E0 两个等级。其他标准和实木地板相同。

4）实木地板（木地板）（图 1-6）

①实木地板具有美观、耐用的特性，居住舒适天然，冬暖夏凉，可以很好地表现一个人的生活品位高贵即典雅。

②实木地板要注意关于漆面、槽口、规格等几个品质问题。但地板生产使用树种繁多，树种名字在社会上又分为学名、俗名，因此在选购时要细心了解。

③还有一些厂家为了减少竞争、追求利润，开发了许多原本不适合的地板做木材，很多非洲材起了好听的名字，如非洲黑胡桃，非洲柚木等（一律同优质木种挂靠）。这些木材价格低，品质不稳定是购买的误区。

2. 主要优点

1）天然材料耐磨、阻燃、防潮、防静电、防滑、耐压、易清理；

2）纹理整齐，色泽均匀，强度大，弹性好，脚感好；

3）受气候变化而产生的变形小，需经常性保养；

4）应用面较广，除厨卫以外的任何地面都可使用。复合地板经济实惠，实木复合地板、实木地板体现淳朴自然、典雅风格。

图1-4 强化复合地板

图1-5 竹地板

图1-6 实木地板

1.2.2 选购方法

第一步：确定地板品种。强化复合、竹地板、实木地板等，按经济条件选择。
第二步：确定品牌，强化复合地板与实木地板，常规是由各个厂家生产。
第三步：确定树种花纹、颜色。实木地板价格直接有选用树种决定。
第四步：中档实木复合地板价格常规在200～350元/平方米之间；实木地板常规在220～480元/平方米之间。当然不排除有超过千元的进口多层实木地板、实木地板。在选购高档产品时要慎重。

1.2.3 各类地板性能

产品品种	特性、优点	不足缺陷	推荐适用范围
强化复合地板	价格低、花色多 商家众多、挑选余地大，防潮性较好	脚感一般环保性能需注意	普通家装地面、大众办公区域
实木复合地板	价格中高、花色丰富、变形率低、实木纹理饰面、观感自然	有一定色差、质地相对较软、会减少室内层高20mm	有经济条件的业主
竹地板	价格适中、天然纹理、变形率低、色差小、浅色系丰富	竹子纹理单一、硬度大，受地域限制，受众群体有限	有一定经济条件，祖籍南方人士
实木地板	天然质感、木质花纹好，花色丰富	价格高、需要保持日常维护，遇水易变形，对层高有影响	有经济条件人士，联排、独栋别墅常用
软木地板	表面层较软，花色有鲜明个性脚感好	不易用于地热。纹理不规则、价格高	有文体职业需求，做练功房地板较多

1.2.4 铺装工艺要点

1. 铺装准备

清理地面无浮土、无明显凸出不平和施工废弃物。地面含水率合格后方可施工。严禁湿地进行铺装。根据房屋已铺设的管道线路布置情况，标明各管道、线路的位置，制定合理的铺装方案。测量并计算所需木龙骨、踢脚板、扣条数量。

2. 木龙骨安装

确定地板铺装方向后，确定木龙骨的铺装方向。根据地板的长度模数计算确定木龙骨的间距并划线标明，应确保地板端部接缝在木龙骨上。根据木龙骨的长度，合理布置固定木龙骨的位置；合理孔距和孔深度。木龙骨与地面有缝隙时，应用耐腐、硬质材料垫实或垫平。与墙面间的伸缩缝为 8~12mm 为宜。

3. 木地板铺装

铺设防潮膜，防潮膜交接处应重叠 50mm 以上并用胶带粘接严实，墙角处上卷 50mm。

在地板企口处打眼，引眼孔径应略小于地板钉直径，用地板钉从引眼处将地板固定。地板应错缝铺装。固定时应从企口处 30°~50° 倾斜钉入。

地板的拼接缝隙应根据铺装时的环境温湿度状况、地板宽度、地板的含水率、木材材性以及铺设面积情况合理确定。

地板宽度方向铺设长度 ≥ 6m 时或地板长度方向铺设长度 ≥ 15mm 时，应在适当位置设置伸缩缝，并用扣条过渡。靠近门口处，宜设置伸缩缝，并用扣条过渡，扣条应安装稳固。

4. 其他铺装

在铺强化复合地板时，地面平整度、干燥度达标。下铺防潮膜后，将强化复合地板按工艺要求进行铺设。

1.3 石材

1.3.1 材料种类

石材作为一种高档建筑装饰材料广泛应用于室内外装饰设计、幕墙装饰和公共设施建设。目前市场上常见的石材主要分为天然石材和人造石。

天然石材按物理特性品质又分为大理石和花岗岩两种。人造石分为水磨石和合成石。水磨石是以水泥、混凝土等原料锻压而成；合成石是以天然石的碎石为原料，加上粘合剂等经加压、抛光而成。人造石强度没有天然石材价值高。石材是建筑装饰材料的高档产品，天然石材在别墅中使用比较普遍，在普通家庭装修中所占比例比较少。

人造石的产品质量和美观已经不逊色天然石材。由于可以工业化生产，在装饰装修中主材里，已广泛采用。突出的是橱柜的台面占用绝对的比例。以普通人造石台面和人造石英石台面两种。

1.3.2 产品特点与铺装要点

1. 大理石：材质组织密实、细致、色彩多样丰富。有天然山水花纹、花线阴暗细纹。耐用、耐压、有天然质感。

2. 花岗岩石材：硬度高、耐磨、耐压、耐腐蚀。外观有通透性质感、打磨后有反射光泽，抗风化性能较强。

3. 石材属于高档主材，建议铺装采用双色双层砂浆，避免水斑、返碱白花。采用高级施工旁站工艺。

4. 工具要专业、成龙配套。如：壁虎抓、台卡等。比瓷砖施工更要细致。最好进行预排、对比颜色和花纹协调有序。

1.3.3 选购方法

1. 注意石材表面要纹理均匀、无明显瑕疵。花纹纹理自然过渡、色彩协调美观。高级石材是大块分切，纹理梯次变化。并进行统一编号。保证铺装大面积，体现整体美观。

2. 选购检查是否有明显绺裂、细小裂纹、断裂深纹理等。

3. 大理石与花岗岩石材在颜色上、花纹质地上差别较大。常规大理石宜用在室内，不易铺装在别墅阳台、露台区域。

4. 室内石材厚度规格：15mm、18mm、20mm，材料产品强度，受厚度规格影响较大，薄料易损坏、易碎裂。

5. 常用大理石品种名称：金线米黄、大花绿、杜鹃红、印度红、咖啡网格、孔雀绿、济南青、文登白、丰镇黑、将军红、珍珠白、浅啡网、深啡网等。

6. 别墅外立面，按照石材幕墙通常做法，厚度通常有18mm、25mm、30mm三种。采用干挂方式时，石材厚度不能低于25mm。

1.4 壁纸

1.4.1 壁纸

壁纸是一种用于裱糊墙面的室内装修材料，广泛用于住宅、酒店的室内装修等。材质不局限于纸，也包含其他材料。

它具有色彩多样、图案丰富、品种多、安全环保、施工方便、价格适中等的特点，在国外住宅使用已比较普遍。

壁纸分为很多类。通常纯壁纸用漂白化学木浆生产原纸，再经不同工序的加工处理，如涂布、印刷、压纹或表面覆塑，最后经裁切、包装出厂。具有一定的强度、韧度、美观的外表和良好的抗水性能。

1.4.2 壁纸品质特性

1. 粘贴性。粘贴性是指裱糊材料在粘贴后表面平整，粘结牢固，无翘起和空鼓现象的性能。

2. 平挺性。平挺性是指裱糊材料收缩率的性能指标，直接影响裱糊施工效果。收缩率较小的裱糊材料，平挺性较好，不易发生弯曲变形，容易保持形状不发生变化。

3. 耐光性。耐光性是指裱糊材料经受光线照射后，对褪色、老化等现象的抑制性能。耐光性好，证明裱糊材料可以延长在同等光线照射条件下发生不良现象出现的时间，延长使用寿命。

4. 吸声性。吸声性是指裱糊材料的纤维材质能吸收声波、衰减噪声的性能。通常增加裱糊材料表面的凹凸效应是增加吸声性的主要方法。

对于内墙壁纸，必须符合现行国家标准《室内装饰装修材料壁纸中有害物质限量》GB 18585 要求。

1.4.3 壁纸的品种

1. 纯纸壁纸（图 1-7）

纯纸壁纸主要采用的原料是纸质，其防水性能稍弱，不能够用力擦拭，也不可沾水擦拭。但具有环保无污染的特性，可以资源循环利用。其主要分为两类：

原生木浆纸，以原生木浆为原材料，经打浆成型，表面印花。该类壁纸相对韧性比较好，表面相对较为光滑，单平方米的比重相对重。

再生纸，回收物为原材料，经打浆、过滤、净化处理而成，该类纸的韧性相对比较弱，表面有半发泡型，单平方米的比重相对轻。

它们以纸为基材，经印花压花而成，自然、舒适、无异味、环保性好，透气性能强。因为是纸质，所以有非常好的上色效果，适合染各种鲜艳颜色甚至工笔画。品质上普通的产品时间久了，有可能会略显泛黄。推荐场所：高档住宅等。

2. 无纺布壁纸（图 1-8）

无纺布壁纸是采用布浆纤维或木浆纤维等材料为基材，也有采用棉麻等自然植物纤维制作而成，比其他壁纸更绿色无污染，在燃烧时只产生二氧化碳和水。在装饰效果上更倾向于自然田园风格，触觉效果好。

它表面采用水性油墨印刷后，涂上特殊材料。经特殊加工而成，具有吸音、不变形等优点，并且有一定的呼吸性能。

3. 织物面壁纸（图 1-9）

它的面层选用布、化纤、麻、绢、丝、绸、缎、呢等织物为原材料，视觉上和手感柔和、恬静,具有高雅感,有些绢、丝织物因其纤维的反光效应而显得十分秀美,但此类墙纸的价格比较昂贵。

4. PVC壁纸(图1-10)

PVC壁纸是采用聚氯乙烯树脂为主材料,其具有一定的防水性能和防污性能,在表面沾染污渍之后可以用软布擦拭。

推荐场所:经济型酒店、普通公寓及需要防潮的居住普通场所。

图1-7 纯纸壁纸(发泡)

图1-8 无纺布壁纸(麻草)

图1-9 织物面壁纸(纺织纤维)

图1-10 塑料壁纸(PVC壁纸)

1.4.4 选购方法

购买墙饰壁纸,应选择颜色均匀、花纹饱满的,避免有纸折、左右色差、污染、纸膜分离等缺陷。多卷以上的同样壁纸,要选购同一批号产品,防止出现色差。注意壁纸与室内家具陈设、色调、风格的协调关系。

所需壁纸的数量,普通居民住宅每个房间需要量约等于该房间平方米数的3倍左右。比方说,房间面积约为$12m^2$;买$30 \sim 36m^2$壁纸即可。有条件也可自行测量墙体长宽高,根据壁纸每卷尺寸计算用量,壁纸水平方向一般不留接缝。通常壁纸每卷规格是宽53mm长10m。

看:观察墙纸的表面是否存在色差、气泡,墙纸的花案是否清晰、色彩均匀。
摸:用手摸一摸墙纸,感觉它的质感是否好,纸的薄厚是否一致。
闻:如果墙纸有异味,很可能是甲醛、氯乙烯等挥发性物质含量较高。
擦:用湿布擦拭纸面小样,看看是否有脱色的现象。

在选购壁纸之时,注意壁纸的材质不同,价格也不一样,同种材质的壁纸因为厚度、环保性、耐脏性的差异,价格也会千差万别。为了挑选到与价值较对称的壁纸,在我们了解如何看质量的情况下,宜以看品牌为主,品牌好的产品价格高,质量也有保证。

1.4.5 壁纸的优缺点

壁纸优点	壁纸缺点
装饰特点:装饰性效果强,可与室内设计风格融为一体。壁纸的色调纯正的,不易发生颜色的变化	造价高:造价比乳胶漆相对高些
健康环保:壁纸主要有由二部分组成,基材和油墨。目前,施工粘贴胶多采用天然淀粉胶粘贴	易脱层:不透气材质的壁纸容易翘边,墙体潮气大,时间久了容易发生脱层。应注意通风
使用寿命长:采用制作工艺先进的中高档壁纸,材质好,使用年限长	不耐擦洗:高档壁纸色牢度较弱,阳光直照射易褪色
施工速度:粘贴壁纸技术成熟、与乳胶漆施工时间类似。常规三居室要2~4天	对粘贴环境要求干净、少灰尘
品种丰富:选购自己喜欢的壁纸,可装饰出各类的与风格一致的效果	要注意花纹接缝:粘贴搭边有缝,对视觉效果有影响
价格空间大:价格方面明确,可以满足不同层次的业主消费需求	施工工艺:需要专业涂裱技工操作

1.4.6 壁纸铺贴要点

壁纸的铺贴质量装饰装修行内认为四分在于壁纸,六分在于铺贴工艺。壁纸的铺贴的施工工艺是比较重要的。铺贴面积常规情况下,小客厅适合全贴,而一些面积较大的空间区域,全贴会让墙面单调些,反而更加适合局部的进行铺贴,能够让整体墙面装饰有侧重点,但最终还是看设计方案而定。

1. 墙面基层处理

粘贴壁纸的基层表面须清洁、平整。处理的方法也是刮腻子,再打磨,磨光的标准和准备刷乳胶漆一样。铺壁纸前两天在墙上涂刷壁纸基膜或刷清漆(环保底漆为主),刷完基膜最好再简单清理一下。

2. 选用辅料

贴壁纸辅材很重要,除了保证其质量没问题外,还要保证辅材的环保性能。贴墙纸前,刷在墙上的是无色无味的基膜;胶粘剂是壁纸胶直接兑水使用;保证铺贴墙纸的房间内没有异味。

常规清漆与基膜都可以起到封闭墙体、防水防潮的作用，相比之下，清漆还是微量污染物，而专用基膜无色无味更环保。家装中使用的墙纸胶都是从植物农作物中提取出来的，保证了自然环保。

3. 计算用量

一般的估算是按照您房间地面使用面积的 2.5～3.5 倍计算。计算用量时，需要了解壁纸规格，及对花损耗。在实际操作中，边边角角的损耗是不可避免的。壁纸材料损耗比较高，损耗率一般在 15% 左右（墙纸损耗率因户型而异。例如复式楼中间挑空高，一卷墙纸长 10m，其损耗率就高达 20%～30%；而普通住宅是层高不到 3 米的户型，损耗率常规在 10% 左右）。

花型大小对损耗也有影响，素色、碎花损耗小，大花、对花损耗大些。请商家先做一个初步测算为宜。

4. 裁剪壁纸

裁纸常规有两种方法，一种是重叠裁切法，在地上将壁纸重叠起来，对好花，一刀裁下，然后再粘贴，这样施工简单，对花准确。一种拼缝法，是量出墙顶到底部踢脚的高度后，裁壁纸的下料尺寸比实际尺寸长几厘米，并将裁好的纸编好号，按顺序粘贴，粘贴时从上部对花。需要对花拼图的壁纸，但施工工艺稍复杂。

5. 壁纸铺贴

施工前，温度不应有剧烈变化之季节，坚决要避免在潮湿的季节和潮湿的墙面上施工。施工时白天应打开门窗，保持通风；晚上要关闭门窗，防止潮气进入。刚贴上墙面的墙纸，不易大风吹，会影响其粘接牢度。

墙纸是从上到下拼接粘贴的。墙纸常规宽幅是 530mm，总长是 10m。粘贴壁纸要求墙顶和踢脚处应接缝严密，不能有缝隙，用刮板沿墙及踢脚的边沿将其压实，用壁纸刀切齐后刮平。挤出的胶液要及时用湿毛巾擦净。房顶不铺壁纸。房顶和墙面的接口处理，比较简单的方式是加石膏线。

6. 铺贴养护

铺装壁纸以后，应该关闭门窗，阴干处理。刚铺完的墙纸的房间立刻通风会导致墙纸翘边和起鼓。待墙纸铺装结束 2～3 天，可用潮湿的毛巾轻轻擦去墙纸接缝处残留的壁纸胶。做好最后的清理。

1.4.7 壁纸白胶裱糊料

白胶裱糊料是裱糊工程质量控制的关键因素，白胶料应根据裱糊材质的特点选用配套产品，同时重点考虑粘结强度高、施工方便、耐久性好、不含对人体有害的甲醛、苯类、重金属、氨及放射性有害物质等要求。

对于室内建筑装饰装修用胶粘剂中有害物质限量，必须符合现行国家标准《室内装饰装修材料胶粘剂中有害物质限量》GB 18583 和《民用建筑工程室内环境污染控制规范》GB 50325 的环保要求。

白胶裱糊料按物理形态不同分为粉状、液体、胶状三种；

按照材质可分为普通墙纸胶粉、现场拌制胶浆、糯米湿胶三种：

1. 墙纸胶粉

墙纸胶粉主要以采用纯天然植物纤维为原料，经过合成技术提取的绿色环保材料，具有粘接强度高、粘接寿命长等特点，适用于各类墙纸、墙布。

2. 现场拌制的墙纸胶浆

现场拌制墙纸胶料是在纤维素或淀粉中添加了合成物质墙纸胶浆或白乳胶增加黏性使用。墙纸胶浆是以天然植物中提取的碳水化合物及高分子聚合物提炼而成。无味、无毒、不刺激皮肤、施工方便。胶粉和胶浆需配合使用，根据产品使用说明书，按墙纸胶粉、墙纸胶浆比例配制并充分搅拌后即可达到使用效果。通常情况下当日配制的裱糊料当日用完，并有专人管理，并使非金属容器盛装。

3. 糯米湿胶

湿胶以其黏性强大、绿色环保，施工方便，黏度值是普通胶粉胶浆的三倍以上，适合多种墙纸。

1.5 涂料

1.5.1 水性涂料

1. 水性涂料品种

（1）水性涂料组成

水性涂料是以水作为分散介质或溶剂，树脂为分散相，水为连续相，完全不用油脂和有机溶剂，加入适量的颜料、填料及辅助材料等，经研磨而成的一种涂料。无毒无刺激气味，对人体无害，不污染环境。可使用在木器、金属、塑料、玻璃、建筑表面等多种材质上。

（2）对于内墙涂料，须符合国家标准《室内装饰装修材料 内墙涂料中有害物质限量》GB 18582 和《民用建筑工程室内环境污染控制规范》GB 50325 的环保要求。

2. 水性涂料分类

按水溶剂类型一般分为水溶性、水稀释性和水分散性乳胶涂料等。水溶性涂料是以水溶性树脂为成膜物配制的涂料；水稀释性涂料在施工中可以用水稀释，乳化乳液为成膜物配制的涂料；水分散乳胶涂料是以合成树脂乳液为成膜物配制的涂料。

按树脂类型可分为水性醇酸涂料、水性环氧涂料、水性丙烯酸涂料、水性聚氨酯涂料等。

3. 主要品种及特性

合成树脂乳液内外墙涂料，主要品种有丙烯酸酯乳液、苯-丙乳液。水溶性内墙涂料，包括聚乙烯醇水玻璃内墙涂料、聚乙烯醇缩甲醛内墙涂料。其他类型内墙涂料，包括多彩涂料、仿瓷涂料和艺术涂料等。其他类型内墙涂料，以装饰性功能为主，俗称艺术涂料，包括多彩涂料、仿瓷涂料、真石漆、浮雕涂料、肌理漆、金属箔质感漆等。

（1）乳液型内外墙涂料

内墙乳胶漆以水为稀释剂，它是由合成树脂乳液加入颜料、填充剂以及各种助剂组成，经过研磨或分散处理后制成涂料。漆膜透气性好、绿色环保、附着力强、耐擦洗性、施工方便，乳胶漆适用于在混凝土、水泥砂浆、灰泥类墙面和加气混凝土等基层上涂刷。

（2）丙烯酸酯乳胶漆

涂膜光泽柔和、耐候性好、保光保色性优良、遮盖力强、附着力高、易于清洗、施工方便、价格较高，属于高档建筑装饰内墙涂料。

（3）苯-丙乳胶漆

耐候性、耐水性、抗粉化性、色泽鲜艳、质感好，由于聚合物粒度细，可制成有光型乳胶漆，属于中高档建筑内墙涂料。与水泥基层附着力好，耐洗刷性好，可以用于潮气较大的部位。

1.5.2 艺术涂料

使用装饰涂料及颜料，利用各式工具及施工手法，做出各种仿真效果而达到装饰目的的涂料，我们称之为艺术涂料。

（1）多彩涂料

多彩涂料主要应用于仿造石材涂料，是由不相混溶的两相成分组成，其中一相分散介质为连续相，另一相为分散相；在基础涂料中混入液体或胶化的两种以上不同颜色、大小及形状各异的带色微粒，组成的一种复合的悬浮分散体涂料；在涂装过程中，通过一次性喷涂，便得到色彩繁多、豪华美观的图案。适用于宾馆、影院、文化娱乐场所、商店、写字楼、住宅等建筑物内、外墙、顶棚等多种基面。

（2）仿瓷涂料

仿瓷涂料又称瓷釉涂料，漆膜平整细腻，装饰效果像瓷釉饰面。仿瓷涂料水溶性树脂类主要成膜物质为水溶性聚乙烯醇，加入增稠剂、保湿助剂、细填料、增硬剂等配置而成的。仿瓷涂料主要适用于涂饰室内墙面、厨房卫生间衔接处、木材、机械、家具等装饰表面等。

（3）真石漆

真石漆又称合成树脂乳液砂壁状涂料，涂膜外观具有像堆叠一层砂粒一样的石材质感效果，由基料和粒径与颜色相同或不同的彩砂颗粒制成，真石漆施工方便，装饰效果典雅高贵，具有较好的耐候性和耐久性。大多数以喷涂为主，也可以进行批涂施工，可以用于各种宾馆、别墅的墙面装饰和各种门套线条、家具线条饰面等。

（4）浮雕涂料

浮雕涂料又称为复层涂料，通过调整涂膜形状和颜色，以及涂料花纹等方法得到质感逼真的彩色墙面质感效果涂料。浮雕涂料具有立体浮雕效果，涂层坚硬、粘结性强，涂膜质感丰满，变化万千。分合成树脂乳液类、硅酸盐类、聚合物水泥类和反应固化型合成树脂乳液类。适用于室内外已涂上适当底漆的各种基面装饰涂刷工程。

1.5.3 室内涂料部分

1. 产品介绍

目前使用的室内涂料产品均可归于合成树脂乳液内墙涂料类。

从理化性能角度，根据《合成树脂乳液内墙涂料》GB/T 9756 标准，将合成树脂乳液内墙涂料分为底漆和面漆。

2. 产品等级

面漆按照使用要求分为合格品、一等品和优等品三个等级。三个等级的面漆主要指标如下：

项目	指标		
	优等品	一等品	合格品
对比率（白色和浅色）≥	0.95	0.93	0.90
耐洗刷性/次≥	6000	1500	350

对比率：表征涂料干膜的遮盖能力，数值越大越好。

耐洗刷性：表征涂料干膜的耐湿擦的能力，数值越大越好。

另外，室内涂料的环保指标还必须符合《室内装饰装修材料内墙涂料中有害物质限量》的标准 GB18582 的强制要求（也是内墙涂料最低环保要求）。具体标准指标如下：

项目		限量值 水性墙面漆涂料
挥发性有机化合物含量（VOC）	≤	120g/L
苯、甲苯、乙苯、二甲苯总和／（mg/kg）	≤	300
游离甲醛／（mg/kg）	≤	100
可溶性重金属／（mg/kg）≤	铅 Pb	90
	镉 Cd	75
	铬 Cr	60
	汞 Hg	60

以上两个标准是室内涂料的基本分类及要求。在此基础上，根据产品的功能性及使用对象的差异，还有：

（1）抗菌涂料（须符合《抗菌涂料》HGT 3950 标准）

内墙弹性涂料（须符合《弹性建筑涂料》JGT 172 标准中内墙部分的要求）

室内空气净化功能涂料（须符合《室内空气净化功能涂覆材料净化性》JC/T1074 标准）

（2）儿童漆（《儿童房装饰用内墙涂料》GB/T 34676）

低 VOC 涂料（VOC 含量 <50g/L），趋"零 VOC"涂料（VOC 未检出，即 <2g/L）。

所有特殊功能性产品需符合相应的标准，并不是以产品名称为划分依据的。

（3）室内涂料中，还会少量地使用一些水性双组分产品，例如水性环氧。

3. 性能特点

（1）合成树脂乳液内墙涂料，合格品：

具有最基本的遮盖和强度，一般只提供白色，多用于工装项目。

（2）合成树脂乳液内墙涂料，一等品：

具有较好的遮盖和强度，除白色外，可以有更多的颜色选择，一般厂家对此类产品会提供 100～200 色的家庭常用颜色的选择，满足家庭装修的基本要求。

（3）合成树脂乳液内墙涂料，优等品：

具有好的遮盖和强度，色彩更丰富，厂家对此类产品一般会提供千色选择。

（4）抗菌涂料

属于合成树脂乳液内墙涂料，漆膜具有一定的防霉抗菌性。可用于地下室等环境相对潮湿的区域。使用前必须注意基面的处理，一般会配套洗霉水使用。普通的抗菌涂料一般具有时效性（如根据使用环境，防霉抗菌性能 3～6 个月不等）。如需长效防霉抗菌，需要采用第 9）类的水性环氧类产品。

（5）内墙弹性涂料

属于合成树脂乳液内墙涂料，漆膜具有一定的弹性，理论上可以防止一些细微裂纹。如有更高的抗裂纹需求，需要在基层处理时，满铺玻璃纤维网格布。

（6）室内空气净化涂料

属于合成树脂乳液内墙涂料，漆膜具有空气净化功能。基本分为消耗型和催化循环型两类。适用于相对密闭的空间（如果是空气流通非常好的空间，只需通过换气即可实现空气的净化）。

（7）儿童漆

属于合成树脂乳液内墙涂料，在涂料的环保性能（更安全的居住环境）和耐沾污性做了更高的要求，顾名思义适用于儿童房。

（8）低 VOC 和趋"零 VOC"涂料

属于合成树脂乳液内墙涂料，对挥发性有机物做了更高的要求。适用于有较高环保要求的室内场所，以及需要快速入住，或即刷即住的项目。

4. 选购方法

（1）辨别：

"闻气味"：选择低气味或无气味的产品；

辨别执行标准及产品等级：在产品合格证上的信息。

（2）对于不同位置和区域的使用需求，可以有差异地选择室内涂料产品，以追求高性价比的搭配结果：

对于墙面和天花的使用特性，可有差异性地选择产品。

天花部分接触少，且一般为白色，可考虑使用一等品即可，不必选用优等品。

墙面部分接触多，且有更多的颜色需求，所以考虑选用一等品或优等品。

对于不同的使用条件（区域）：

例如地下室等潮湿湿度大的环境，考虑使用防霉类产品或水性环氧。

儿童房更安全，耐沾污更好的儿童漆。

即刷即住的项目，选用趋"零 VOC"涂料。

（3）更细致的我们可以根据室内的不同环境，将室内涂料使用分为三大类

	描述	举例	推荐使用类型
内墙 1	恒定温度和正常气候条件的室内空间	住宅、学校、办公室、陈列室、酒店内的房间、特殊护理之家或保健设施	（1）~（8）类型均可使用
内墙 2	室内空间/房间，有时空气湿度较高（相对湿度），但表面没有不断形成的凝结水	地下室车库、私人浴室/淋浴房和类似用途的房间，工作区和公用室，仓库和车间，无人居住的地窖	优等品、防霉、水性环氧

续表

	描述	举例	推荐使用类型
内墙3	封闭的、不加热的、通风的室内空间和加热的室内房间，具有永久较高的相对湿度和偶尔大量的溅水。墙壁和天花板表面温度有时低于露点	餐厅厨房，厕所，生产大厅等具有高水蒸气的场所；无持续性溅水的室内泳池的墙壁和天花板；寒冷的房间	水性环氧类产品

5.订购案例

（1）室内涂料一遍的湿膜厚度约100um，也就是1L的材料一遍可涂刷10m²。按照一底两面的工艺，1L底漆可涂刷10m²，1L面漆可涂刷5m²。采购量可依据以下公式：

底漆采购量（L）= 实际涂刷面积（m²）÷ 10

面漆采购量（L）= 实际涂刷面积（m²）÷ 5

（2）对于涂刷面积的计算有两种方法：

1）总体预估涂刷面积（m²）= 建筑面积（m²）× 3

这种方法比较粗略，预估面积受房屋墙窗比，及房屋的格局等因素影响较大。

2）比较精确的方法是测量实际的涂刷面积，这样不仅总量准确，而且对于不用区域的不同涂料产品的用量估算也更精确。

1.6 硅藻泥、贝壳粉

1.6.1 硅藻泥

硅藻泥是一种有益居住环境的内墙装饰材料，主要由硅藻土材料、无机胶凝材料、其他颜填料和适量添加剂组成。其主要特性来源于硅藻土，硅藻土是一种生物成因的硅质沉积岩，其化学成分是二氧化硅（图1-11）。

图1-11 硅藻土原矿

天然的硅藻土具有发达的微孔直径，孔道直径在 3～6mm 更有利于水分子的吸附和释放，有利于甲醛等有害物质的吸附，更适宜于作为壁材使用（图 1-12）。

图 1-12　无机涂层呈现的多孔结构

从关注居住者本身健康的角度出发，硅藻泥不仅应该具备吸附功能，也应该具有分解甲醛等有害物质的必要功能。

1. 硅藻泥产品分类

硅藻泥可根据其装饰肌理、产品形态来分类。

干粉型硅藻泥：原料成粉状，功能性强，可塑性强，人工成本高；

液体型硅藻泥：原料成液体状态，施工便捷，表现形式单一。

在这种分类中，对于住宅批量装修，干粉型硅藻泥可用在背景墙、儿童房等部分墙面的装饰。

液体型硅藻泥更适合于大面积使用。可采用喷涂、辊涂两种施工方式，节省人工成本，缩短施工工期。

2. 特性

（1）净化空气

硅藻土丰富的孔隙率赋予硅藻泥强大的吸附功能，可对空气中有害物质有强大的吸附能力，同时利用光催化材料纳米二氧化钛和硅藻土复合纳米二氧化钛的光催化性能，对吸附的甲醛等有害物质进行分解，实现对有害气体的净化。

（2）呼吸调湿

调湿材料是指不借助任何人工能源和机械设备，依靠自身独特的物理结构使其具有优异的吸湿和放湿功能，按照标准要求，产品的 24h 吸湿量 ≥ 40（10^{-3}kg/m^2），放湿量为吸湿量的 70%。硅藻泥的调湿性能为自然缓慢的对环境的改变，更加让人感觉舒服自然。

(3) 防霉防结露 (图 1-13)

硅藻土作为无机材料以及其多孔的特点，使硅藻泥涂层表面不易结露，其防结露性能优异，不会形成水环境，因此不易生长霉菌。

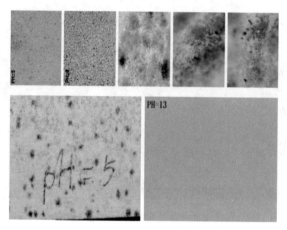

图 1-13 硅藻泥 PH 值与防霉抑菌效果关系

(4) 不燃

硅藻泥材料为天然无机矿物材料，只有熔点，没有燃点，防火等级为 A1 级。

(5) 墙面清洁

硅藻泥使用的无机矿物质本身不会产生静电，因此不会主动吸附灰尘，清扫打理方便。

(6) 寿命长久

硅藻土是无机矿物，在空气中稳定性强，采用无机矿物颜料，不易褪色。

3. 选购方法

在选购硅藻泥时，应该充分考虑作为装饰材料的施工、使用、环保与健康要求。首先要选择满足基本上墙标准的材料，上墙后不掉粉，不掉渣。遇水后能迅速吸附，不会出现"遇水成泥（图 1-14）"的现象。

使用性方面，要求耐久性好，有一定的抗污染性，不能出现开裂、脱落等现象。

在环保性方面需要注意，所选购的产品其本身应严格符合《硅藻泥装饰壁材》JC/T 2177 中有害物质限量的要求。VOC、苯系物含量、游离甲醛含量、可溶性重金属（铅、镉、铬、汞）均要为"未检出"，且能够提供由 CNAS 或 CMA 检测资质的检测机构提供的检测报告，才可认定选购的硅藻泥为绿色环保产品。

健康功能性上，硅藻泥的核心功能是净化空气，除其本身的吸附功能外，要注意上墙后的硅藻泥是否具有长效分解有害物质的能力。

图1-14 "遇水成泥"的硅藻泥

4. 施工要点

干粉型硅藻泥的施工方法和肌理造型可分为平涂、喷涂、传统肌理、刻花、印花。液体硅藻泥的施工方法可分为喷涂、辊涂两种。施工的基底要求应平整、无起鼓、掉皮、潮湿、开裂、脱落情况。墙体整体含水率小于10%，空气湿度不应大于85%，环境温度在15~30℃之间。

5. 质量检查

（1）预留脚线不得高于5cm（大白未覆盖到的地方除外）。

（2）喷刮均匀，视觉细腻，手感光滑，无漏底色，用毛刷扫去两三变浮粒之后基本无掉屑。

（3）墙体表面没有明显的色点、色差。

（4）书画要工整，尤其是文字，要求尺寸合理、间距均匀、横平竖直。

（5）接线盒中间的狭小空间要处理到。

（6）阴阳角处理要求与地面垂直呈直角。

（7）施工前应首先将施工场地进行基本清理。

1.6.2 贝壳粉

1. 贝壳干粉涂料

是一种加水即用，易刮批、省工省料的新型环保涂料。它以优质矿物骨料、天然矿物等无机物为基质，以聚合物材料作为主要添加剂研制而成，具有透气、耐久、防水、绿色环保等功能。与传统的溶剂涂料相比，干粉涂料更加健康环保、更加节能，装饰艺术效果极佳，施工简单轻松，因而成为替代壁纸和乳胶漆的新一代室内装饰材料。

对于贝壳粉涂料，必须符合现行国家标准《室内装饰装修材料内墙涂料有害物质限量》GB 18582和《民用建筑工程室内环境污染控制范围》GB 50325的环保要求。

2. 贝壳腻子粉

是指贝壳经过高温煅烧粉碎的粉末，其主要成分是碳酸钙，以及甲壳素，还有少量氨基酸和多糖物质。是近年来新兴内墙涂料，是干粉涂料的典型代表。

3. 以贝壳粉为代表的干粉涂料特性

贝壳粉涂料简介

贝壳粉涂料以天然贝壳为基质，经过高温煅烧、研磨、催化等工艺研制而成。产品为干粉状，使用时直接兑水即可，可使用平涂、弹涂等工艺，施工简单方便。

贝壳粉主要性能指标

项目	标准要求		产品性能
施工性	刷涂二道无障碍		刷涂二道无障碍
表干时间	≤ 2h		30min
耐碱性	48h 无气泡、裂痕、剥落、明显掉色		48h 无气泡、裂痕、剥落、明显掉色
粘结强度	标准状态	≥ 0.5MPa	1.09MPa
	浸水后	≥ 0.3MPa	0.5MPa

4. 贝壳粉涂料的多样功能

1）吸附净化：多孔腔体结构有效吸附分解空气中游离的甲醛、甲苯、二甲苯及TVOC中其他的有害物质，生成对人体无害的气体。

2）平衡调湿：具有优秀的水呼吸功能，在室内湿度高的状态下可以吸收水分使墙面不结露，在干燥的环境下释放墙内储存的水分。

3）抗菌抑菌：贝壳粉内部含甲壳素，可以有效抑制大肠杆菌、沙门氏菌、黄色链球菌等多种细菌孢子的生长。

4）防火阻燃：在发生火灾时，贝壳粉墙壁可以有效阻隔墙壁内的材料燃料，不产生有害气体，如同加了一层防火板。

5）消除异味：贝壳在生活中多用于除味剂，因此贝壳粉可以对室内烟味、宠物味、霉味等室内散发的各种异味有良好的清除作用。

6）防止静电：贝壳粉选用天然的贝壳为原料，其主要成分为"钙"，具有优秀的防静电性能。

7）零光污染：贝壳粉腔体具有漫反射光源特质，使室内光线自然柔和，不刺眼，不易造成眼镜疲劳，大大降低孩子近视的几率。

8）降音降噪：贝壳表面多孔，吸音性能显著，双重降噪效果好。

9）寿命长久：贝壳粉是无机材料，使用寿命比有机材料更长久长达20年。

10）色彩亮丽：贝壳粉纯天然材料，色彩纯净靓丽，装修出来的墙面雅致、高贵、色彩鲜艳、不易褪色。

5.贝壳粉涂料施工要点
1）施工前用报纸或薄膜对门窗及踢脚线、插座等进行保护；
2）在贝壳粉按比例加水，搅拌均匀后静置让混合物充分溶解，随后过滤；
3）开始贝壳粉涂料底层第一遍施工，使用平涂机进行喷涂；
4）贝壳粉底层的平涂施工后，等墙面干就可以进行弹涂施工；
5）贝壳粉涂料平涂和弹涂施工完成，等墙面干透，可以进行背景图案制作；
6）用毛板刷刷除表面的浮料，贝壳粉涂料全部施工完成。

1.7 玻璃

1.7.1 玻璃分类

玻璃 主要以石英石、纯碱、石英砂和长石等为主要原料，经粉碎后以适当比例混合，经1500～1600℃高温熔铸成型后，经急冷制成的材料。其主要化学成分为氧化钙、二氧化硅、氧化钠和少量氧化镁和氧化铝等。玻璃按主要化学成分分为氧化物玻璃和非氧化物玻璃；按性能特点又分为平板玻璃、装饰玻璃、安全玻璃、节能玻璃等。

1.7.2 玻璃主要品种

1. 平板玻璃

平板玻璃是指未经其他特殊加工过的平板状玻璃制品，按颜色属性分为无色透明平板玻璃和本体着色平板玻璃。按生产方法不同分为普通平板玻璃和浮法玻璃。按外观质量分为合格品、一等品和优等品。按公称厚度，平板玻璃分为 2mm、3mm、4mm、5mm、6mm、8mm、10mm、12mm、15mm、19mm、22mm、25mm 共12种规格。通常情况下，2mm、3mm厚的平板玻璃适用于民用建筑，4mm、5mm、6mm厚的平板玻璃适用于高层和工业建筑。平板玻璃是作为钢化、夹层、镀膜、中空等深加工玻璃的原片。

平板玻璃具有良好的透视、透光、隔热、隔声、耐磨等特点，有些还具有保温、吸热等特性，有较高的化学稳定性，通常情况下对酸、碱、盐及化学试剂及气体有较强的抵抗能力，但热稳定性较差，急冷急热情况下容易发生炸裂。

2. 装饰玻璃

1）彩色平板玻璃

彩色平板玻璃又称有色玻璃或饰面玻璃。分为透明和不透明两种，透明彩色玻璃是按一般的平板玻璃生产方法，在平板玻璃中加入一定的着色金属氧化物而成。不透明的彩色平板玻璃又称为饰面玻璃。

彩色平板玻璃通常有桃红色、绿色、黄色、茶色、宝石蓝等。

彩色平板玻璃可按要求拼成各种图案，并有耐腐蚀、抗冲刷、易清洗等特点，用于建筑物内外墙、门窗及对光线有特殊要求的部位。

2）压花玻璃

压花玻璃又称为花纹玻璃、滚纹玻璃或扎花玻璃。制作工艺分为单辊法和双辊法。压花玻璃具有一定透视性，其透视效果因花纹、距离不同而有所区别。压花玻璃具有透光不透明的特点，对保护私密性有一定效果，适用于卫生间门窗、室内间隔和需要阻断视线的场合。

3）釉面玻璃

釉面玻璃是按一定尺寸切裁好的玻璃表面涂敷一层彩色釉料，经焙烧炉烧结、退火或钢化等工艺，使釉层与玻璃牢固结合，而制成的玻璃产品。

釉面玻璃具有良好的耐热性、强度和化学稳定性，色彩多样且耐磨、耐污耐腐蚀，广泛用于室内饰面层、建筑物门厅和建筑物外饰面层。

4）刻花玻璃

刻花玻璃是由平板玻璃涂漆、雕刻、围腊与酸蚀、研磨而成，漆图案立体感非常强，似浮雕一般，主要用于高档场所的室内隔断或屏风。

5）冰花玻璃

冰花玻璃是一种利用平板玻璃经特殊处理而形成的具有随机裂痕似自然冰花纹理的玻璃。冰花玻璃可用无色平板玻璃制造，也可用茶色、蓝色、绿色等彩色玻璃制造。冰花玻璃的装饰效果优于压花玻璃，是一种新型的室内装饰玻璃。具有花纹自然、质感柔和、透光不透明、视感舒适等特点，应用于宾馆、饭店、酒楼、酒吧等场所的门窗、隔断屏风等。

6）乳白玻璃

乳白玻璃是含有高分散晶体的白色半透明玻璃，因晶粒的折射不同，在光线照射下使玻璃呈现乳浊，适用于灯具、灯箱以及室内玻璃隔断等。

3. 安全玻璃

钢化玻璃

钢化玻璃是通过高温和淬冷，其内部外部分子结构发生了巨大变化，因此形成表面具有强大的压应力，内部具有均匀强大的张应力，使玻璃的机械强度数倍增加，这种玻璃即为钢化玻璃。半钢化玻璃的加工原理与钢化玻璃相同，只是机械强度低于钢化玻璃。钢化玻璃表面应力为 69～168MPa，半钢化玻璃表面应力为 24～69MPa。

4. 节能玻璃

1）低辐射镀膜玻璃

LOW-E 玻璃就是低辐射玻璃，它是在玻璃表面上镀膜。但玻璃的镀膜对阳光中和室内物体所辐射的热射线均可有效阻挡，可使夏季室内凉爽而冬季择优良好的保温效果，节能效果明显。

2）中空玻璃

中空玻璃是用两片或多片玻璃，使用高强度密封胶，将玻璃片与内含干燥剂的铝间隔连接，形成干燥空间的玻璃。具有良好的隔热、隔声以及降低建筑物自重的特点。

1.7.3 用途

在住宅装修普通消费者接触玻璃较多，是在外购更换室内断桥铝门窗、塑钢窗，以及室内门、彩玻门、各种玻璃柜门、淋浴房、浴室镜产品上。在建筑工程上，玻璃用途广泛，占有重要的比重和地位。

1.8 厨卫吊顶

目前，厨卫吊顶是以集成吊顶为主。它是将吊顶方形、长方形金属板块与电器产品，制作成标准规格的可组合、更换的金属吊顶模块，实现了厨卫金属吊顶板块的系列化、标准化。安装时集成在一起。具有顶棚功能、照明功能、换气功能的一种新型组合住宅建材产品。

1.8.1 集成吊顶组成

1. 吊顶框架部分：包括主龙骨、三角龙骨、吊杆、吊件。
2. 吊顶铝扣板：有三种主要花色扣板材料：覆膜板、滚涂板、氧化板。
3. 厨卫电器：浴霸、换气扇、照明灯具等。

1.8.2 选购方法

1. 目前市场上集成吊顶生产厂家众多，良莠不齐。由于有部分家电产品，所以首先要考虑吊顶电器获得国家 CCC 认证以及商标认证。
2. 厨卫集成生产厂家，大多是由浴霸生产企业转型而来，或有由天花铝扣板企业、贴牌电器代工生产企业升级而来。因此，还是在正规商业建材城，有多家中型门店的商家购买。选购一些知名品牌、上市企业的产品。
3. 吊顶风格，厨卫集成吊顶经过近十年的发展，目前有大众化风格、雅致风格、欧式古典风格等。可与厨卫装饰风格一并考虑。
4. 选购时一定注重安装服务。厨卫集成吊顶品质，一半在自身组成产品质量，一半在安装工艺和精细服务。避免安装粗糙带来的使用维修隐患。

1.9 木饰面

1.9.1 木饰面

由木质材料（包括各类大幅面人造板）为主要材料，经过系列的加工处理（工厂化木工机械加工以及工厂化涂饰加工），具有良好的理化稳定性、良好的外观装饰效果，用于各种室内墙面、墙柱和顶面装饰的成品木质装饰面板。

1. 挂装式木饰面：通过特制挂件将面板与基层挂合安装的木质装饰面板。
2. 粘贴式木饰面：通过胶粘剂将面板粘贴于基层上的木质装饰面板。

1.9.2 制作工艺

1. 一般生产工艺

平面木饰面生产工艺同普通木制家具（板式家具）生产工艺基本一致。

2. 特殊生产工艺

木饰面特殊生产工艺，指木饰面装饰工艺槽的加工工艺以及阴角木饰面、阳角木饰面、包柱木饰面、弧面木饰面加工工艺等。

1.9.3 常规安装

1. 根据木饰面版面幅度，首先在基层上对挂件位置进行放线，放线要求每块木饰面的一组对应边须与基层框架的其中一条木方重合，每块木饰面的一组对应边必须为安放挂件位置，即基层木方、挂件、木饰面边三者要重合。

2. 基层挂件用长 30mm 以上的直枪钉或木螺丝固定在基层上，挂件与基层接触面涂刷适量白乳胶以增加牢固度。饰面挂件用（挂件厚度 + 木饰面厚度）直枪钉，根据档位精确的固定在木饰面的反面，挂件与木饰面反面的接触面涂刷适量白乳胶以增加牢固度。

3. 基层挂件与饰面挂件要求挂合后能吻合良好，安装后不能松动和滑移。

1.9.4 粘贴式安装

1. 粘贴式安装适应范围

粘贴式安装适合于面板要求较薄，基层用板材满铺的场合。基层制作要求平整度和垂直度与面板要求相同。

2. 粘贴材料

粘贴材料要求用快干型胶粘剂，一般有液体钉、硅胶、白乳胶等。

3. 粘贴要求

粘贴是根据版面板厚度，将胶粘剂按照 200～300mm 见方的网点状位置涂布适量的胶体，沿面板边按照线状涂胶，保证面板与基层板间粘连牢固可靠，边部不脱胶和翘曲，相邻版面平整顺滑。

1.9.5 安装质量要求

单位：mm

要求项目		允许限值		说明
安装版面布置及外观				符合设计要求
基层安装	阳角部	垂直度	≤1	总偏差绝对值应<2mm
	大面	垂直度	≤1	总偏差绝对值应<3mm
基层龙骨档距		≤400		根据面板幅度确定，至少一组板边与龙骨和挂件重合
挂件档距		≤400		
面板安装	阳角部	垂直度	≤1	总偏差绝对值应<2mm
	大面	垂直度	≤1	总偏差绝对值应<3mm
拼缝以及工艺槽		水平度	≤1	总偏差绝对值应<2mm
		垂直度	≤1	总偏差绝对值应<2mm
位移量		≤1		两板间上下左右前后的错位量
色差		轻微色差	允许	正常辨色能力不可见明显色差
大面不平度		≤3		总不平度绝对值<5mm

2 基层材料

2.1 水泥

水泥是粉状水硬性无机胶凝材料。加水搅拌后成浆体,能在空气中硬化或者在水中硬化,并能把砂、石等材料牢固地胶结在一起。是建筑中最广泛的材料之一。

2.1.1 五种常用水泥

硅酸盐水泥,由硅酸盐水泥熟料、0～5%的石灰石或粒化高炉矿渣、适量石膏磨细制成的水硬性胶凝材料,称为硅酸盐水泥。

1. 硅酸盐水泥分为两种类型:不掺混合材料为I型,代号P·I;掺入适量混合材料为II型,代号P·II。

2. 普通硅酸盐水泥。由硅酸盐水泥熟料、少量的混合材料、适量石膏磨细制成的水硬性胶凝材料,称为普通硅酸盐水泥,代号P·O。

3. 矿渣硅酸盐水泥。由硅酸盐水泥熟料和粒化高炉矿渣、适量的石膏磨细制成的水硬性胶凝材料,代号P·S。

4. 火山灰质硅酸盐水泥。由硅酸盐水泥熟料和火山灰质混合材料和适量石膏磨细制成的水硬性胶凝材料,代号P·P。

5. 粉煤灰硅酸盐水泥。由硅酸盐水泥熟料和粉煤灰、适量石膏磨细制成的水硬性胶凝材料,代号P·F。

2.1.2 水泥品质

1. 水泥强度等级:是水泥"强度"的指标。水泥的强度是表示单位面积受力的大小,是指水泥加水拌和后,经凝结、硬化后的坚实程度。水泥有多种强度等级,常用有:32.5、42.5、52.5三个强度等级。

2. 特性:五种常用水泥产品大多数特性接近,在装修工程可以代替使用,综合强度高于白水泥。

3. 用途:主要用在水泥砂浆混凝土垫层、找平层、砌筑、抹灰。其中,在浇筑混凝土需用42.5强度等级以上的水泥。

2.1.3 白水泥

以部分的生料烧至部分熔融所得以硅酸钙为主要成分,铁质含量少的熟料加入适量的石膏,磨细制成的白色水硬性胶凝材料,称为白色硅酸盐水泥。

1. 特性：白水泥是拥有较高的白度，色泽明亮。

2. 用途：用作各种建筑装饰材料，典型的有粉刷、雕塑、地面水磨石制品等，白水泥还可用于制作白色和彩色混凝土构件。在基础装饰装修中，大量用于室内铺贴瓷砖的勾缝。

2.2 预拌砂浆

2.2.1 预拌砂浆

是指由专业化厂家生产的。用于建设工程中的各种砂浆拌合物，是我国近年发展起来的一种新型建筑材料，按使用性能可分为普通预拌砂浆和特种砂浆。它主要包括砌筑砂浆、抹灰砂浆、找平砂浆、砌筑砂浆、抹灰砂浆。用于承重墙、非承重墙、地面中各种混凝土砖、粉煤灰砖和黏土砖的砌筑和抹灰找平。

目前，在北、上、广、深的住宅装修中已开展使用。对现场文明施工管理，提高环境卫生水平起到很大的促进作用。

1. 特性：适用标准《预拌砂浆》JG/T230

1）预拌砂浆产品种类多：可按不同需求提供不同品种不同强度等级的干混砂浆，以满足建筑工地的不同要求。性能好：具有抗收缩、抗龟裂、防潮等特性。

2）产品质量稳定：干混砂浆是按科学配方电脑计量严格配制而成，均匀性好，使工程质量得到有效的保证。

3）容易保管：专用设备储存，不怕风吹雨淋，不易失效变质。

4）无使用环境污染。施工现场文明施工好。

5）质量稳定：使用预拌砂浆墙体不空鼓、不开裂，提高房子的抗震等级。

2. 用途：预拌砂浆多用于中高档住宅装修和住宅批量装修工程中。

2.2.2 特种砂浆

包括装饰砂浆、自流平砂浆、防水砂浆等，其用途也多种多样，广泛用于建筑外墙保温、室内装饰修补等。

2.2.3 瓷砖粘接剂

它又称瓷砖粘合剂、瓷砖胶、瓷砖粘结剂、瓷砖粘胶泥，南北方叫法有所不同。分普通型、聚合物、重砖型。主要用于粘贴瓷砖、面砖、地砖等装饰材料，广泛适用于内墙面、浴室、厨房区域等建筑的饰面装修场所。

1. 特性：基面应基本平整，平整度在3mm以下。且，基层干燥、牢固、无油污、无粉尘、无脱膜剂等。施工厚度为3mm左右，施工用量 4～6kg/m^2。

2. 用途：主要用在石材墙面铺贴、吸水率低0.5%的各类瓷砖墙面铺贴。粘结剂完全固化24h后可进行填缝工作。克服水泥砂浆粘结高密度瓷砖粘结力稍弱、耐久性差、容易剥落等缺点。

2.2.4 各类水泥砂浆性能

项目	现场搅拌水泥砂浆	预拌砂浆产品	瓷砖粘结剂产品
发展趋势	国内家装还在采用，广大乡镇大量采用	国外大量采用，国内大型工装均采用	国外广泛采用，国内开始采用
人员要求	需要具备一定的施工经验和技能	需要具备一定的施工经验、操作简便	需要具备一定的施工经验和施工水平
施工质量	空鼓不易克服，易返碱、有开裂现象	按用途专用，质量稳定，有收缩现象	粘结性能优良，空鼓基本消除，无收缩现象
瓦工操作施工工艺	较复杂，需泡砖、润湿墙面，水泥砂浆配比需用人工	较复杂，需泡砖、润湿墙面，水泥：中砂比例，克服随意性	相对简单，但要提前对墙面进行找平、找方
适用范围	吸水率大的瓷砖，墙面铺装、地砖铺贴	找平砂浆，砌筑砂浆，对施工环境保洁、卫生有大的提升	各种瓷砖均可，常用吸水率低瓷砖，如：地砖裁切上墙，铺贴牢固
价格成本	材料价格低廉，施工成本低，但售后服务，维修成本较高。给不规范的施工方，有机可乘。造成低价竞争	材料成本增加30%~40%，杜绝在使用材料上，不规范公司偷工减料的现象。砂浆比例严格	原材料成本较高，墙面找平人工成本增加。但施工质量有保证，避免二次维修费用和人工。在联排、独栋大量采用

2.2.5 装饰砂浆灰泥

1. 装饰砂浆灰泥组成

装饰砂浆灰泥是以水硬化材料（石灰、水泥、石膏）为主要物质，加入骨料、颜料、填充剂、助剂等，经拌合后制成的一种无机型灰泥涂料。特性是良好的抗老化性、保旋光性、保色性、不粉化、附着力强，长期日晒雨淋涂层不易变色、粉化或脱落；施工方便，可采用镘涂、滚涂、喷涂等工艺。

2. 装饰砂浆灰泥分类

装饰砂浆灰泥分成干粉型或者预拌膏状型，干粉型须加水拌合后使用，预拌膏状型开桶后即可使用。

3. 主要品种和特性

（1）石灰水泥砂浆灰泥

以熟石灰及白水泥为主要结合剂，加入骨材、无机颜料及助剂混合而成，多为干粉砂浆形态。加水拌合后，使用喷涂或者镘涂方式及工具，形成装饰效果，透气性良好，可使用于内外墙及地下室区域。

（2）石灰基灰泥

以自然熟成一年以上的熟石灰为主要材料,可加入骨材、无机颜料及助剂混合而成,为预拌膏状形态。开桶即可使用,使用镘涂方式施工,可做出各类高仿石材或者肌理效果。使用于外墙时,需使用适当的罩面保护材料。透气性良好,可使用于内外墙及地下室区域。

（3）仿清水混凝土灰泥

以普特兰水泥为主要结合剂,加入骨材及助剂混合而成,多为干粉砂浆形态。加水拌合后,使用镘涂方式及工具,形成清水混凝土装饰效果,透气性良好,可使用于内外墙及地下室区域。

2.3 轻钢龙骨

2.3.1 轻钢龙骨特性

它是以优质的连续热镀锌板带为原材料,经冷弯工艺轧制而成的建筑装饰装修用在室内的金属骨架。

1. 特性:轻钢龙骨吊顶、轻钢龙骨隔墙格栅,具有重量轻、强度高、适应防水、防尘、隔声、吸声、恒温等功效,同时还具有工期短、施工简便等优点。

2. 用途:用于以纸面石膏板、装饰石膏板等轻质板材做饰面的非承重墙体和建筑物屋顶的造型装饰。适用于多种建筑物屋顶的造型装饰、建筑物的内外墙体及棚架式吊顶的基础材料。

3. 品种:轻钢龙骨按用途有吊顶龙骨和隔断龙骨。按断面形式有V形、C形、T形、L形、U形龙骨。按主要性分有主龙骨、次龙骨、穿心龙骨等。

4. 其他龙骨:泛指用于在厨卫间,在集成吊顶内,固定金属铝扣板、钙塑板的小规格专用龙骨。

2.3.2 主要规格

1. 隔断龙骨主要规格分为Q50、Q75和Q100。在轻钢龙骨的厚度方面也很重要,它对墙体的承重起关键作用。

2. 吊顶龙骨主要规格分为D38、D45、D50和D60。常用是V形吊挂式龙骨轻钢龙骨（图2-1、图2-2）。

3. T形铝合金吊顶龙骨具有轻质、耐腐、刚度好特点。按罩面安装方式不同,分龙骨地面外露和不外露两种。

4. 烤漆龙骨是与矿棉板、钙维板配套使用的龙骨材料。龙骨采用优质钢板,加工成型外经烤漆保护,色彩多样。在联排、独栋地下影视室采用较多。

图 2-1 轻钢龙骨品种规格　　　　图 2-2 轻钢龙骨吊顶

2.4 石膏板

2.4.1 纸面石膏板

住宅用石膏板为纸面石膏板是以建筑石膏粉为主要原料，掺入适量添加剂与纤维做板芯，以特制的板纸为护面，经加工制成的板材。纸面石膏板具有重量轻、加工性能强、安装方法简便，是建筑住宅最常用的装饰材料（图 2-3、图 2-4）。

1. 特性：生产能耗低、轻质、保温隔热、防火性能好、隔声性能好、装饰功能好、绿色环保、节省空间。

2. 用途：纸面石膏板韧性好，不燃，尺寸稳定，表面平整，可以锯割，便于施工，主要用于吊顶、隔墙、内墙贴面、天花板等，是空间划分隔断建材辅料。

3. 纸面石膏板主要规格（mm）

长度	1800、2100、2400、2700、3000、3300、3600
宽度	900、1200
厚度	9.5、12.0、15.0、18.0、21.0

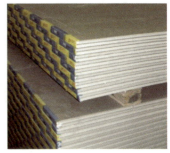

图 2-3 石膏板样品　　　　图 2-4 纸面石膏板

2.4.2 选购方法

1. 看质检报告了解产品质量,是什么时间进行送检的。

2. 看外观质量,检查石膏板正面是否有油渍或水印,正面是否平整、无伤残。名称、商标、质量等级、厂名、生产日期以及防潮、小心轻放和产品标记等标志。

3. 看尺寸允许偏差、平面度。看厚度检查其是否达标,住宅常用厚度为9.5mm、12.0mm,是否符合国家标准。

4. 识别常识:要了解供应商、熟悉品牌、会辨别假冒产品。例如:目前社会上要别墅、儿童房生态石膏板。其实就在标准中规定的中高级石膏板。

5. 其他石膏板:纸面防水石膏板、矿棉吸声板、钙维板等。

2.5 石膏、腻子

2.5.1

粉刷(底层)石膏主要用于建筑物室内各种墙面和顶棚抹灰,不适用于卫生间、厨房等常与水、潮气接触的地方,执行标准《抹灰石膏》GB/T 28627。

1. 特性:按用途分为面层粉刷石膏、底层粉刷石膏和保温层粉刷石膏。当抹灰厚度小于3mm时,可以直接使用面层型粉刷石膏。当厚度大于3mm时,可先用底层型粉刷石膏打底找平。对墙面有保温需求,用热绝缘性较好的保温层粉刷石膏。粉刷(底层)石膏比腻子干燥固化后,刚性好。

2. 用途:在住宅水泥墙面平整度、垂直度偏差较大时,不能直接披挂腻子。需用石膏打底。常规在墙面底层石膏找平后,墙面平整度2mm以下,方可进行披挂腻子工序。每次拌料量应按抹灰面积所需要的量,不宜过多,要做到勤拌勤用。拌成的料浆要在初凝前用完。已经初凝的料浆不得再次加水搅拌使用。

3. 粉刷石膏粉作用是做住宅厅房基层处理,具体有填平缝隙、阴阳角调直、毛坯房墙面第一遍石膏找平等,其颗粒较为粗糙,目数为100~120目。凝结后较坚硬不易打磨、凝结速度快。

4. 其他品种,还有高强石膏、嵌缝石膏、快粘石膏等。依据不同品种的性质,在建筑装饰装修中,有广泛的应用。

2.5.2

它是平整墙体表面的一种装饰(填泥)性质的材料,是一种厚浆状涂料,是涂料粉刷前必不可少的一种产品。涂施于底漆上或直接涂施于物体上,用以清除被涂物表面上高低不平的缺陷。环保要求符合国家标准的要求。

1. 腻子分类

墙面腻子包括内墙腻子、外墙腻子、柔性耐水腻子等。相比之下，内墙腻子的批刮性、腻子膜细腻性等方面高于外墙腻子，但外墙腻子种类较多，其物理力学性能要求强于内墙腻子。通常，内墙腻子分为一般型、柔韧性和耐水性三类。

2. 腻子的主要品种

一般型内墙腻子通常用符号 Y 表示，适用于室内一般装饰工程；柔韧性内墙腻子通常用符号 R 表示，适用于室内要求具有一定抗裂要求的装饰工程；耐水性内墙腻子通常用符号 N 表示，适用于室内要求具备耐水性的装饰工程。

1）按产品外观形态的不同，可分为粉状腻子、膏状腻子和双组分腻子。

2）粉状腻子组成中，主要成膜物质为水泥、灰钙粉、微细聚乙烯醇粉末、可再分散乳胶粉等；填料为重质碳酸钙；保水剂为甲基纤维素等；如若需要，可添加一些助剂，如消泡剂等。粉状腻子易存储、运输方便、批刮性好、打磨方便、经济环保，具有一定的粘结强度和抗开裂性。

3）膏状腻子组成中，主要成膜物质为 VAE 乳液或水溶性聚乙烯醇胶、苯丙乳液等；填料为重质碳酸钙和灰钙粉；保水剂为羟乙基纤维素或羟丙基甲基纤维素；如若需要，可添加一些助剂，如增稠剂等。膏状腻子使用方便、批刮性好、易打磨、经济环保，具有一定的粘结强度和抗开裂性。

4）双组分腻子是将粉料组分和液料组分分别生产，将二者配套包装，到现场配合搅拌使用。粉料组分和粉状腻子组成基本一致，将甲基纤维素、石英石混合与重质碳酸钙、灰钙粉混合而成；液料组分中包括消泡剂、防霉剂等助剂与水搅拌均匀，混入合成树脂乳液搅匀而成。

5）腻子应根据不同需求进行选择。粉状腻子对助剂性能要求较低，降低了生产成本，节省包装费用，运输和存储较方便，但使用需加水搅拌，并在较短时间内用完，不宜调色，难以制成高性能腻子；膏状腻子使用方便，打开包装即可使用，未用完可密封保存后存放，容易调色，适宜制成高性能腻子，但包装费用较高，使用助剂较多，生产成本高；双组分腻子综合了粉状腻子和膏状腻子的共同性能优势，但使用前需将两组分搅拌使用，且短时间内需用完。

6）耐水型腻子的优点有很多，主要表现是耐水、耐潮、不宜开裂、适中的刚性。但耐水型的腻子产品也是有一些不足。主要是在施工中不易打磨找平，费工、费时。因为耐水腻子较结实，产品胶性大，搅拌和批刮时要比非耐水腻子困难。适用于家装使用，建议使用 400 目耐水内墙腻子，批刮后第二天打磨，避免墙面出现砂痕。

7）一般型腻子（非耐水腻子）。它施工性好，搅拌、披挂、打磨方便。但在住宅室内长期使用时易脱落、起皱、掉皮等工程质量问题。适用于一般工程的乳胶漆墙面，腻子批刮后尽快涂刷乳胶漆，避免腻子层产生风化脱粉。

腻子对基层的附着力、腻子强度及耐老化性等常常会影响到整个涂层的质量。因此，腻子要求具有较强的附着力，对上层底漆有较好的结合力，并且要求色泽基本一致。应根据基层、底漆、面漆的性质选用配套的腻子。

3. 腻子新技术应用

随着我国建筑涂饰行业快速发展，建筑腻子也出现了许多新技术应用，如保温腻子、石膏嵌缝腻子、调温调湿内墙腻子等。

石膏嵌缝腻子主要是指应用于内墙石膏板嵌缝或其他作用的腻子，由于石膏耐水性较差，因此石膏嵌缝腻子通常只能应用于室内各种石膏板缝的嵌填。石膏基材料凝结硬化时间短、强度增长快、体积收缩较小，从而使石膏基材料达到所需强度要求，因此，石膏嵌缝腻子具备良好的应用基础。

调温调湿内墙腻子属于功能性膏状内墙腻子，以零 VOC 弹性乳液为成膜物，以硅藻土为主要填料，配用抗裂剂和多种助剂制备而成。该腻子具有调温调湿、抗菌防霉、保温隔热、释放负离子、清新空气等多种功能。

在进行室内涂饰和裱糊工程时，应优选选用绿色环保型室内墙面用腻子，与传统腻子相比，其配制选用质地优良的天然材料，具有良好的耐水性、耐碱性和柔韧性，粘结性较高，施工简便，阻燃、透气等特点，使用时可明显节约乳胶漆用量，增加墙面附着力。

4. 选购方法

（1）选品牌

选择市场上占有率较高的知名品牌腻子是产品质量的保证，不知名品牌的产品质量参差不齐没有保证。

（2）看防伪

品牌腻子粉的厂家防伪意识较强，为防止产品被人仿冒都有防伪措施，产品包装上一般都贴有防伪标志或数码防伪贴纸，刮开涂层拨打电话即可辨别真假。

（3）看包装标示

腻子执行的国家标准是《建筑室内用腻子》JG/T298，达标产品包装上都标示出国家标准的字样。

（4）看用途说明

腻子在外包装上有产品说明。品牌腻子常规说明比较细致，内容全面。由于腻子价格范围较大，依据自身经济情况，合理选购。

（5）看产品名称

国内腻子生产厂家多，南北方叫法不同。需注意甄别清楚。例如：内墙腻子、耐水腻子、易刮平、墙衬、墙衣、墙泥、腻子粉等。

2.6 板材

2.6.1 人造板材

1. 人造板主要品种

常用的有胶合板、刨花板（图2-6）、中密度板（图2-7）、细木工板（图2-5），就是利用木材在加工过程中产生的边角废料，添加化工胶粘剂制作成的板材。人造板材种类很多，以及防火板等装饰型人造板。有不同的特点，应用于装饰工程、家具制造等领域。

（1）胶合夹板，由杂木皮和胶水通过加热层压而成，一般压合时采用横、坚交叉压合。目的是起到增强强度作用。10厘厚5层以上。胶合夹板按类别有4类，即耐气候、耐潮胶合板为Ⅰ类，耐水胶合板为Ⅱ类，耐潮胶合板Ⅲ类，不耐潮胶合板Ⅳ类。不同类价格相差较大，应依不同用途选配。

（2）细木工是由芯板拼接而成，两个外表面为胶板贴合。此板握钉力均比胶合板、刨花板高。常用尺寸规格如下：915mm×2440mm、1220mm×2440mm、1220mm×1220mm，厚度为5~30mm为等。它适合做高档柜类产品，加工工艺与传统实木差不多。按其含有害化学物质数量的不同。分有E0、E1、E2级。

（3）刨花板主要以木削、小木颗粒经一定温度与胶料热压而成。木削中分木皮木削，甘蔗渣、木材刨花等主料构成。它由芯材层，外表层及过渡层构成。外表层中含胶量较高，可增加握钉力、防潮、砂光处理，由刨花板加工过程运用胶料及一定溶剂，故导致含有一定的有害化学物质成分含量不同，分有E0、E1、E2级。

（4）中高密度纤维板，由木材经过纤维分离后热压复合而成。它按密度分高密度、中密度。平时使用较多为中等密度纤维板，比重约0.8左右。它的优点为表面较光滑，容易粘贴波音软片，喷胶粘布，不容易吸潮变形，缺点是有效钻孔次数不及刨花板，高密度板优点是可以二次加工做出浮雕造型，外加吸塑覆膜可以做成橱柜、衣柜的门板。

（5）板材的品质优劣，主要是使用基础材料好坏，使用木材胶粘剂好坏，决定了产品价格高低、环保性能的是达标。在选购时应该高度重视。

2. 人造板简介

（1）幅面大，结构性好，施工方便。

（2）膨胀收缩率低，尺寸稳定，材质较锯材均匀，不易变形开裂。

（3）范围较宽的厚度级及密度级适用性强；弯曲成型性能好。

（4）选购方法

1）看质检报告了解产品质量，是什么时间进行送检的。

2）看外观质量，检查正面是否平整。名称、商标、质量等级、制造厂名、生产日期以及防潮、小心轻放和产品标记等标志。

3）看饰面的花纹清晰、颜色纯正、边角无伤残。

（5）识别常识：要了解供应商、熟悉品牌、会辨别假冒产品。例如：目前社会上也有高级儿童房生态板。建议还是认准品牌和价格。

图2-5 细木工板

图2-6 刨花板

图2-7 密度板

3. 常用三种人造板材性能

项目	细木工板	刨花板	密度板
强度	受潮后易变形，多用于基础木作用材，保留木材特性	不易变形，可加工敷贴各种花纹纸样饰面板，强度中高	不易变形，多用于大小各类门扇的基材。板身弹性好，强度高
环保性能	不易掌控，名牌产品环保指标相对可靠，看制作封边工艺水平	中高端产品，环保型可靠，看制作封边工艺水平	固化外面，看吸塑、模压覆膜自身环保性能
握钉能力	握钉力强，与木材近似，可在钉眼附近二次使用打钉	握钉力一般，尽量不在钉眼附近，做二次打钉	握钉力弱，小区域发生二次打钉，易破碎损坏
耐潮性能	防潮性能弱，遇水易变性	防潮性能较好，短时遇水不易变形	覆膜后防潮性能较好，短时遇水不变形
施工工艺	切割便利，但大面需进行二次刷油等处理	切割、安装便利，封边施工工艺要求	切割需机器套裁，做为基材，外面需贴膜
价格成本	适中，在家装中小层板、现场定制鞋柜常用，可造型基材	适中，稳定性好，多用橱柜衬板、各种柜体、花纹可选用，不增加成本	适中，可油漆性，覆膜性好

2.6.2 实木板材

1. 实木板

采用完整的木材制成的板材。这些板材坚固耐用、纹路自然，是装修中优中之选。但由于此类板材造价高，而且施工工艺要求高，在装修中使用反而并不多。实木板一般按照板材实质名称分类，没有统一的标准规格。

2. 齿接实木板材

采用相同宽度、厚度、而长度相同或不同长度的木条，长度方向的两端分别由特制的木工设备开出锯齿状，两个相邻的木条端的锯齿处涂上白乳胶，经过加压、卸压、养护等待等工艺，互相插入啮合，拼成平整木板称之为齿接。由于锯齿状接口又类似手指交叉对接，故又称指接板。齿接板是实木不易变形板材，应用前景广阔，随着林业资源逐步趋于匮乏，齿接实木板材会更加紧俏。

3. 实木板材的树种

（1）家具、装饰的树种主要有：水曲柳、柳桉、樟木、椴木、桦木、色木、柚木、榉木、樱桃木、柏木、红松、白松、柞木、黄菠萝、核桃楸、花梨木、红木、香椿等。为了识别树种，了解一些常用木材的性能特征。

（2）装饰装修工程中，多采用实木树种

水曲柳：其树质略硬、纹理直、结构粗、花纹美丽、耐腐、耐水性较好，易加工但不易干燥，韧性大，胶接、油漆、着色性能均好，具有良好的装饰性能，室内装饰用得较多的木材。

红松：材质轻软，强度适中，干燥性好，耐腐，加工、涂饰、胶结性好。

白松：材质轻软，富有弹性，结构细致均匀，干燥性好，耐水、耐腐，加工、涂饰、着色胶结性好、多节疤。白松比红松强度高。

柏木：柏木有香味可以入药，柏子可以安神补心。柏木色黄、质细、气馥、耐水，多节疤、耐腐。

泡桐：材质甚轻软，结构粗，切水电面不光滑，干燥性好，不翘裂。

杨木：我国北方常用的木材，其质细软，性稳。

椴木：材质略轻软，结构略细，有丝绢光泽，不易开裂，加工、涂饰、着色、胶结性好。不耐腐、干燥时稍有翘曲。

2.7 防水材料

2.7.1 防水材料的选择

厨卫防水材料的选择可遵从以下几点原则：

1.厨房和卫生间是一个长时间处于有水流过或储存的高湿度环境，因此需要选择耐水性，耐久性好的防水材料；厨房和卫生间是我们家庭生活的高频率活动场所，因此需要选择环境友好型防水材料；

2.厨房和卫生间的空间相对较小，结构相对较复杂，因此需要选择很好适应这种复杂结构的防水材料（涂料是最好的选择）；

3.厨房和卫生间主要以混凝土或水泥砂浆为基面，因此需要选择与该基面有优异粘结力的防水材料。

4.厨房和卫生间的墙面和地面对防水能力的需求有所区别,因此墙面和地面有一种或两种选择不同的防水材料。

以上几点是选择厨卫防水材料的基本原则,但是随着厨卫防水的要求越来越高,在选择防水材料的时候又有了第六个原则。

防水工程为隐蔽工程,为了让业主直观的检查防水施工情况(如施工厚度,施工是否均匀等)。目前,市场上出现彩色的防水材料,彩色防水材料可以防止,后续出现质量问题的时候,界定不清责任方的问题。

2.7.2 防水材料

防水涂料也称防水材料。即无定性材料经现场制作,可在结构物体表面固化形成具有防水的膜层材料,是我们室内装饰装修工程中常用产品。

1. 防水材料的品种

丙烯酸防水涂料、聚合物水泥防水涂料、聚合物水泥方式浆料、聚氨酯防水涂料、水泥基渗透结晶型防水涂料(分柔性和刚性)。由于室内防水涂料组成材料不同,性能不同。所以,就形成品种多,满足不同场景环境的各种防水需求。

别墅、联排住宅地下室迎水面使用的卷材防水材料。

2. 特性

防水涂料是无定形材料(液体、稠状物、粉剂+水现场搅拌、液体+粉现场搅拌),通过现场刷、刮、抹、喷等操作,可固化有防水功能的膜、层材料。

优点是在装修过程中复杂、节点繁多的作业面操作简单、易行、防水效果可靠。使用时无需加热,便于操作。价格范围广,便于挑选。

2.7.3 材料品种

1.丙烯酸乳液为基料是高弹防水涂料。拉伸强度高、延伸性好、耐腐蚀、抗结构伸缩变形能力强,适用厕浴间、地下室、墙面的防水,防渗、防潮。但是有气味,黑色不环保。住宅中用白色。

2.聚合物水泥防水涂料。它多为双组分材料。施工前需接说明书指导配比液料和粉料。适用卫生间、厨房、阳台、水池的地面和墙面防水,可在一定程度上缩短施工工期,价格适中。

3.水泥基渗透结晶型防水涂料,突出特点固化干燥时间短暂,住宅常规在几十分钟即可,但要进行淋水养护。保质期年限较长,耐老化、耐变质。

4.柔性高分子改性水泥基防水浆料

该种类型材料也是由液料与粉料两种组分组成,使用时将粉料按比例缓慢地加入到液料中,搅拌均匀后涂刷在基面上,该类型材料相比于刚性高分子改性水泥基防水浆料具有优异的柔韧型，由于具有这种柔韧型，使该产品能够覆盖住细小的裂纹，同时可以吸收由于基材收缩，震荡等产生的应力，用在轻微震荡基上。同时具有优异的防水性能和粘结能力，但产品被动粘结力较弱，不宜用在贴瓷砖的墙面。但是该产品是用在厨卫地面的理想防水材料。

3 水电材料

3.1 电管、电线及器材

3.1.1 电路线管

它是室内电线安全正常通电,起到保护作用的管路材料。

1. 线管种类及材料

住宅常用有四种:金属镀锌线管、金属板线槽、聚氯乙烯(PVC)阻燃管、聚氯乙烯(PVC)阻燃槽。

1)金属镀锌线管:广泛用于公共建筑及别墅、联排式住宅。常用镀锌铁管有阻燃性能,但施工复杂,要求工艺水平高。不如PVC电线管施工方便,材料价格和施工工费稍高。

2)金属板线槽:线槽容量大,能容纳较多对回路。开启槽盖简便。在工装工程、联排、独栋综合布线中有采用。

3)PVC线管(阻燃型):体轻,绝缘性能强,耐腐蚀,施工需注意成品保护。耐机械碰撞性不强,广泛使用在家装工程。

4)PVC线槽(阻燃型):适用于沿墙,沿踢脚线、踢脚板布线。适合简单装饰装修中,布置明线槽。人工费低廉,便于更换。广泛用于城乡室内装修中,但美观性强,安全性、耐机械冲击稍低。

2. 电路管线和材料主要规格

1)金属镀锌铁管 $\phi20$、$\phi25$、$\phi32$,单根长3m。

2)金属线槽常用20系列、25系列、30系列、40系列等。长度为2m。

3)金属波纹软管:常用20系列、25系列。使用在线管末端,保护延长电线部分。

4)PVC阻燃线管:$\phi16$、G01-A,$\phi20$、G02-A,$\phi25$、G03-A,$\phi32$、G04-A,$\phi40$、G05-A。

5)PVC阻燃线槽:25系列、40系列、60系列……

6)PVC阻燃软管、PVC接线盒、三通、直接、电线压线帽、电线接线端子。

3. 各类电线管选用、材料线管性能

项目	PVC管	镀锌套接式钢导管	PVC线盒
强度	塑料线管,体积稳定,受外力易变形	金属材料,受外界干扰小,受力不易变形	塑料线盒,体积稳定一般

续表

项目	PVC管	镀锌套接式钢导管	PVC线盒
使用寿命	使用寿命较长，常规30年	较长，受潮易腐蚀，常规30～40年	使用时间较长20年以上
安全性能	低温、易脆化、易断裂、遇外力冲击，可能破损	全天候施工，不老化，抗外力，抗干扰挤压	比线管抗低温，遇外力冲击，易破损
施工工艺	使用PVC胶进行胶粘，施工简单，连接强度稍差	使用紧定丝进行连接，施工工艺复杂，连接强度高，牢固	施工简单、发生位移，复位方便
价格成本	材料价格低，但，管材要保护，增加施工成本、普通家装采用	材料价格高，人工成本高，适合联排、独栋别墅、高级装修中采用	价格低廉，裸露在墙外固定。在局部改造中采用

3.1.2 强、弱电线主要规格和技术参数

1.家装常用铜芯导线，截面常用3种规格$2.5mm^2$、$4mm^2$、$6mm^2$、$10mm^2$、$16mm^2$、$25mm^2$等。其中依据用途，又可分为单朔（BV）线，双朔（BVV）线，阻燃线（ZR）线。住宅装修行业又称"国标线"。大规格电线$16mm^2$、$25mm^2$在别墅、工装中采用。

2.弱电线材简介

1）网线（选择超五类以上双绞线）传输带宽100MB，分普通和带屏蔽两种。

2）电话线（四芯电话线）。

3）电视馈线（同轴电缆）。

3.1.3 住宅电气器材

1.配电箱、多媒体集线箱（弱电箱）、漏电保护器（断路器、空开）等。

2.电源插座面板、照明开关、电视面板、电话面板、信息网络面板等。

3.2 给水排水管

住宅水管分为两大类。水管是给水管、排水管管道的统称，现代装修水管都是采用埋墙式施工，即有住宅老式布管沿着墙面、顶棚敷设。

3.2.1 给水管

1. 工程塑料管PP-R（无规共聚聚丙烯）、PB（聚丁烯）

1）PP-R管，是一种近几年新型的水管材料，用作住宅冷管热水管，由于其无毒、质轻、耐压、耐腐蚀，成为一种推广的材料。也适用于纯净饮用水管道。

PPR管的接口采用热熔技术,管子之间完全融合到了一起。经安装打压测试通过,不会像铝塑管一样存在时间长了老化漏水现象,而且PPR管不会结垢。PPR水管的主要缺陷是:耐高温性、耐压性稍差些,长期工作温度不能超过70℃;线膨胀系数大,通热水后管材容易变形,影响美观;每段长度直管为4m/根。管道铺设距离长或者转角处多,需用一定数量的接头。PPR管在住宅装修中,由于热熔性性能突出,施工安装方便被大量的采用。

2)PB管,综合了卫生性、加工性、表面光洁度、强度、柔韧性和连接性等优势,在物理特性、热力学特性方面取得了综合的平衡,在建筑住宅内的热水输送系统较多采用。

3)住宅冷热水常用系列给水管

产品型号:S3.2、S2.5

产品长度:4m/根、3m/根

产品规格:D20×2.8　D20×3.4　D25×3.5　D25×4.2　D25×4.4　D32×5.4

2. 管件

管件品种众多:常用的有直通、90°弯头、45°弯头、正三通,过桥、管卡、截止阀以及阴螺丝三通、阴螺丝弯头、阴螺丝接头等。径与异径接头。

3. 其他水管

1)PE(聚丁烯)给水管,开发建筑企业用。

2)金属管(高档材料):铜管。

3)塑复金属:塑复钢管,铝塑复合管等。

4. 采购方法

为保证施工质量的界定,减少由于材料质量问题带来的隐患。建议由装修公司统一配送采购为宜。

3.2.2 给水管道各类材料性能

项目	PP-R给水管	PE水管	镀锌水管	铝塑水管
耐压性能	好,管道熔接处承受压力值大于管路自身	较好	金属材质耐压性能优良	普通
使用寿命	长,正常使用达50年	较长,在30~50年	较长,但15年后管路内壁开始产生锈蚀	较长,耐温性好可达80℃。接头处易漏水
环保性能	好,管内光滑、可防止形成沉淀物	好,耐腐蚀、无污染	一般,长时间使用易锈蚀、易污染水流	好,耐锈蚀性好。无污染
安全性能	较好,工作温度70℃,受外力易损坏	一般,不适应45℃以上水流场景,有局限性	一般,能承受外力冲击,时间长易腐蚀渗漏	较好,但是适合明装,时间长热水接头涨缩易渗漏

续表

项目	PP-R给水管	PE水管	镀锌水管	铝塑水管
施工工艺	热熔连接，施工简便，短期培训，易掌握	热熔连接较复杂，需清洁管口，需切削管皮	螺纹连接较复杂，需套丝施工安装	夹紧连接，管路便于弯曲，施工安装方便
预算价格	价格中高、施工较简单，家装大量采用	价格中高施工较复杂，人工费较高，家装不用	价格中高，因施工费成本加高	价格适中，施工成本与其他比较，相对较低

3.2.3 部分新型给水管件（图3-1、图3-2）

图3-1　　　　　　　　图3-2

3.2.4 薄壁不锈钢给水管

薄壁不锈钢管，是一种新型的水管材料。常用材料牌号：304、304L、316、316L。随着不锈钢原材料产量提高和成本大大降低，从原来的高档材料，成为一种推广的材料。首先不锈钢是一种健康的、甚至能植入人体的材料；其次，不锈钢管不管是强度、环保性能、耐高温性、耐压性能、安全性能、使用寿命上，都领先于同类其他管道，不锈钢管强度是塑料管的8～10倍，内壁光滑不易结垢，能满足长期热水供应而不产生安全问题，耐高温，耐压能力，耐腐蚀能力效果显著，使用寿命可达100年，与建筑物同寿命。不锈钢管每段长度3m/根。由于诸多优点，不锈钢管正在住宅市场中被逐步的采用。尤其建筑小区开发建设中大量采用。

金属管、复合管道类型性能比较	薄壁不锈钢管	普通钢管	钢塑复合管	金属与塑料复合管（铝塑管）	金属复合管（钢管与不锈钢复合）
耐压强度	较好	较好	较好	普通	较好
热膨胀系数	小	小	不一致，易产生问题	不一致，易产生问题	较小
耐腐蚀性能	强	差	较强，但连接处薄弱	较强，但连接处薄弱	较强，但连接处薄弱
卫生性能	佳	差	一般	一般	较好
密封性能	好	较好	较好	较好	较好
安装工艺及施工难度	简单、需专业安装	较复杂	较复杂	较复杂	较复杂
使用寿命	与建筑同寿命	10~20年	50年	50年	70年

3.2.5 排水管

1. 它主要是UPVC材料的一种工程塑料管，并加入适量的稳定剂、润滑剂、填充剂、增色剂等经塑料挤出机挤出成型和注塑机注塑成型生产。在安装施工时，管路接口处一般用胶粘结。UPVC管的抗冻和耐热能力都不强，但经济实惠、安装施工简便。所以非常适用于住宅排污、排下水使用。

2. 常用的PVC管排水管的常规规格如下：公称外径分别为：32mm、40mm、50mm、75mm、90mm、110mm、125mm。

3. 检查外观要求：管件内外表面光滑、平整，不允许有气泡、裂口和明显的痕纹、凹陷、色泽不均级分解变色线，管件应完整无缺损，浇口及溢边应修出平整，颜色为白色。

4. 采购方法：为保证施工质量的界定，减少由于材料质量问题带来的隐患。建议由装修公司统一配送采购为宜。

4 装饰产品及其他

4.1 橱柜

4.1.1 橱柜性能

它是指厨房中摆放厨具以及做饭操作,具有收纳存储粮食、餐饮酌料、餐具多功能柜式平台。

橱柜亦称"整体橱柜",是指由橱柜、厨房电器、燃气具、厨房用具四位一体有机组成的橱柜组合体。并按厨房结构、面积以及家庭成员的个性化需求,进行整体配置、整体设计、整体施工,最后形成成套产品。

1. 橱柜三大部件

1)柜体:按空间结构包括吊柜、地柜、中高立柜以及柜内配件拉篮、导轨、置物架等。橱柜门板款式多,有防火板、烤漆板、实木复合板、吸塑板等。

2)台面:包括人造石、人造石英石、不锈钢台面、天然石台面等。

3)橱柜炊具:烟机、灶具、水盆、龙头等。

2. 常见样式

1)一字形橱柜。

2)L形橱柜,别看只是多了一个转角,利用这个橱柜上的转折,能给厨房的使用增添很多实用性。

3)U形橱柜,这是在国内外最为流行样式,一般要求厨房面积较大。

4)岛形橱柜,橱柜岛台指的是独立于橱柜之外的,单独操作柜台。

3. 橱柜门板主要品种

橱柜在柜体、台面变化不大的情况下,柜子门板的加工工艺、材料品种、款式花色可以有许多种,有时还决定着橱柜的命名,决定着橱柜的价格等级。

1)实木复合门板:实木复合材料制作橱柜门板,中心板为实木,边框有可能是复合材料。风格多为古典型,通常价位较高。

2)吸塑门板:基材为密度板、表面经真空吸塑而成或采用一次无缝PVC膜压成型工艺。吸塑型门板色彩丰富,木纹逼真,单色色纯,不开裂、不变形,耐划、耐热、耐污、防褪色,是最成熟的橱柜材料。

3)防火门板:它的颜色比较鲜艳,封边形式多样,具有耐磨、耐高温、耐剐、容易清洁、防潮、不褪色、价格实惠等优点。它的基材为刨花板、密度板,表面饰以防火板贴面。

4)双饰面门板:也叫三聚氰胺板是用三聚氢胺在刨花板或密度板表面贴耐

火板，其延伸品种在边缘包金属边框。

5）烤漆门板：烤漆是树脂和添加剂组成的，可以打磨抛光。采用的是喷漆工艺，再经过烤箱烘烤。漆膜厚实、手感丰满、不用抛光、附着力好，可与家具漆媲美。

4. 橱柜台面品种

1）人造石台面：现市场上所存在的人造石台面主要由不饱和树脂或丙烯酸树脂，加入填料、色料、用真空排泡平面压制而成，还有厂家用手糊型树脂和石粉做成，它的主要特点就是绚丽多彩，可塑性强。不足之处耐划伤稍差，硬度不高。价格实惠，是经济大众化产品。

2）石英石台面：是先将天然石英砂粉碎，进行提纯，在表面进行30多道工序抛光打磨，使产品保留了石英结晶的底蕴，其质地更加坚硬、紧密，具有耐磨、耐压、耐高温、抗腐蚀、防渗透等特性。色彩丰富的组合使其具有天然石材的质感和美丽的表面光泽。

3）不锈钢台面：耐磨、耐酸碱、耐磕碰、坚固耐用，易清理，没有不开裂的隐患。但不锈钢台面色泽比较单一，缺乏家庭的温馨感。在强调个性和主张回归自然的家居流行风气下，受到中老消费者的青睐。

4.1.2 选购方法

第一步：看炊具、烟机、灶具系列产品的品牌。
第二步：看门板材料、加工工艺、款式。
第三步：选台面材料品种，按样块定台面花色。
第四步：选五金配件、拉篮、看滑道、铰链。
第五步：看做工，看门板封边、看售后服务。

4.1.3 各类橱柜性能

项目	双饰面橱柜（图4-1）	烤漆、吸塑橱柜（图4-2）	实木复合橱柜（图4-3）	不锈钢橱柜
市场占有率	60%以上	15%～20%	10%～15%	5%
对比柜门台面	柜体、柜门加工方便，人造石与石英石台面各占约50%	柜门加工较复杂，台面多用品质较好石英石台面	柜体外贴布，柜门实木复合材料，石英石仿大理石台面	柜体、柜门加工方便。木作台面基材外包不锈钢板收边
施工工艺	施工简单，双饰面板、防火板直接下料制作	施工工艺较复杂，凹凸造型门板需二次加工	复杂，按家具制作方式，制作门板，部分有立柜	施工简单，只多了包饰台面不锈钢板工序

续表

项目	双饰面橱柜（图4-1）	烤漆、吸塑橱柜（图4-2）	实木复合橱柜（图4-3）	不锈钢橱柜
设备需求	常用木工设备	需有专用大烤箱、吸塑机设备	需有细木工加工工具、设备	常用木工设备
适用推荐	大众化消费者	有个性需求，中级消费者	有经济条件，有个性化需求业主	中老年人，有长期使用需求
市场价格	7千~万元/套 按3.2m测算	1万以上/套 按3.2m测算	2万以上/套 按3.2m测算	7千~万元/套 按3.2m测算

图4-1 双饰面板橱柜

图4-2 烤漆橱柜

图4-3 实木（复合）橱柜

4.1.4 橱柜测量

1.测量员（橱柜设计师）到实际工地现场，进行实地勘察测量。掌握橱柜安装位置上的燃气、水、电接口，橱柜长、宽、高尺寸以及部件品种规格需求。按草图标注制作尺寸。

2. 完成橱柜制作图纸，在厨房铺贴瓷砖完毕后。到现场进行橱柜制作部件的各项技术参数"复尺"。约定安装橱柜时间。生产车间下单制作。

3. 橱柜安装，首先安装橱柜柜体，接通燃气、水电路，然后组装台面。台面上烟机、灶具、水槽、龙头一并一次安装到位。在外部条件许可的情况下，应试水，试燃气等。最后通过整体橱柜安装验收（高档产品将安装拆分二次，即柜体和台面）。

4. 主要参考高度：地柜76～80cm，中距60～70cm，吊柜55～65cm。

4.1.5 安装工艺要点

1. 安装流程

橱柜安装包含安装吊柜、地柜柜体、台面，以及油烟机、灶具、洗菜盆、龙头等。常规先安装吊柜、地柜柜体，再安装油烟机，后安装台面、炊具。

2. 安装板块配件

橱柜板块：包括柜体板和门板，根据安装图纸，组装橱柜的各种板块。板块上都已经打好连接件的安装孔。

主要配件有木梢、二合一连接件、塑料膨胀螺栓、各种大小不一的螺丝钉、吊码、铰链、拉手、地脚以及各种装饰盖（挂码盖、排孔盖等）。

3. 吊柜连接固定安装

吊柜安装是通过固定件，将吊柜固定到墙面上。需确保安全，在使用期牢固。然后进行墙面钻孔、安装吊片、吊柜组装、木梢连接、二合一连接件连接、螺丝钉连接、安装吊码、固定吊柜。

4. 地柜安装

安装准备将相应部位清理整洁，以免后期安装放置后，留下清洁死角。然后进行地柜柜体组装、地柜地脚安装、地柜板块切割、地柜柜体间的连接、柜门柜板与台面安装、地柜台面安装、橱柜门板安装、门板拉手安装。

4.2 卫浴产品

卫浴产品包括洁具（坐便器、马桶），蹲便器，小便器，浴室柜，柱盆类，沐浴房（淋浴隔断），花洒龙头，浴缸，蒸汽房及毛巾架，五金配件等卫生间系列产品的总称。

4.2.1 洁具（图4-6）

它有连体和分体两种。

1. 洁具依据使用安装尺寸，有常用坑距350mm、400mm两种。马桶坑距是指马桶的下水管中心距墙的距离。

2.按排水方式，有直冲式、虹吸式

1）虹吸洁具冲水口是设于坐便器底部的一侧，冲水时水流沿池壁形成旋涡，这样会加大水流对池壁的冲洗力度，利用虹吸现象产生的吸力作用，将洁具内污物排出。特点是冲水噪声小，称之为静音，但用水量多。

2）直冲式坐便器是利用水流的冲力来排出污物，一般池壁较陡，存水面积较小，这样水力集中，便圈周围的落下的水力加大，冲污效率高。特点是冲水管路简单，路径短，管径粗，排污时噪声较大。

3）瓷质陶瓷洁具有3L或6L双档节水型冲水按钮。常规排污口外径 ϕ 90mm 排污管内壁施釉，污垢不易积存。

3.选购方法

1）看外观。仔细对比陶瓷的颜色、光洁度、不易挂脏、自洁性好、细看表面无大面积小砂眼、麻点、针孔现象，亮度达标的产品。采用的釉面材料和工艺都比较好，自然感观就好，档次高。

2）触摸。可以在陶瓷表面慢慢细摸，感觉平整细腻流畅为好。

3）听声音。质量好的瓷，在正常的敲击表面，一般声音清脆悦耳。

4）检验节水。在水价上涨的今天，节水性能日益重要，水箱大并不说明是不是节水型，而水箱的配件及排水方式设计是否合理，质量是否过关，直接影响节水，一般都要求标明节水量。

5）配套。在选购卫浴产品，可以考虑配套购买，这样可以保证品牌的风格一致且未来的服务都能得到一定保障。

4.2.2 浴室柜、柱盆（图4-4）

1.浴室柜是由台盆+柜体+龙头+水路管件+柜镜组成。

台盆材料以陶瓷为主，还有少部分天然大理台，玉石、人造大理石等。柜体由防火板、烤漆板、玻璃、实木复合门板等组成；浴室柜品质和价格是由台盆、柜体、水路管路三部分决定的。中档橱柜配陶瓷台盆和防火板柜体。

2.浴室柜目前在大中城市以卫生间产品配套成为一种趋势。行业上称之为三件套（洁具、浴室柜、花洒），也有四件套加淋浴隔断。

3.浴室柜款式、花色、规格、尺寸很丰富。价格档次范围较大。名牌卫浴厂家均有三件套产品。组成4~8个系列产品，价格不等，供消费者进行选择。

4.柱盆突出优点是占用空间小，非常适用小卫生间使用。在建筑面积 50~60m^2 的户型中普遍采用。

5.浴室柜、柱盆选购前，要注意放置区域的上下水路接口，要与之做好配套准备。浴室柜上如配有镜前灯，要预留电路接口电源。

4.2.3 淋浴房（图4-5）

淋浴房是单独的淋浴隔间，是现代家居对卫浴设施产品发展进步的具体体现。但由于居室卫生空间有限，将洗浴设施布置在卫生间的一角，将淋浴范围清晰地划分隔离出来，形成相对独立的洗浴空间，有完备上、下水路设施。在使用时，能让喷洒水不会弄湿整个卫生间的其他区域。

1. 淋浴房外观形状分方形、全圆形、扇形淋浴房等；按门结构分移门、折叠门、平开门淋浴房等。依据卫生间面积大小进行选择。

2. 高档淋浴房有自动喷洒系统，防水封闭性好。价格不菲，使用舒适，但维修较为不便。中档产品是玻璃隔断＋花洒＋挡水组成，是大多数消费者的选择。

3. 使用注意事项

1）推拉式淋浴房门，目前有滑动块和滑动轮两种方式。滑轮、滑块在使用中应注意，避免下面用力冲撞活动门，以免造成活动门脱落。

2）注意定期清洁滑轨、滑轮、滑块，加注润滑剂（润滑油或润滑蜡），还要定期调整滑块的调节螺丝，保证滑块对活动门的有效承载和良好滑动。

3）定期要进行常规保洁、清洗、通风、干燥。保持淋浴房的平时整洁干净，是长期使用必不可少的功课。

4.2.4 浴缸

浴缸是家居产品中的奢侈品，普通消费者较少问津。要求有独立放置浴缸的卫生间，不与马桶同放置一个区域内，避免有异味影响泡澡洗浴。常规有二大类，坐泡式浴缸和按摩浴缸。

1. 浴缸按制作材料分为亚克力缸体、玻璃纤维缸体、搪瓷缸体。

2. 按摩浴缸有喷水头与浴缸后面隐藏着的管道、电机、控制盒等组成。它属于电气产品与浴缸完美的结合。

3. 在大众家居社会中所占比例不高。价格昂贵，家庭利用率不高，使用要一次一清洗，否则卫生会影响他人。

4. 购买时，要熟悉使用说明书规定的各项要求和规定。在安装前与装修施工队协调好，浴缸安装区域上、下水路铺设准备，电源预留接口。

4.2.5 产品安装检查

见第四篇附录C：卫浴、部件安装质量检查单。

图4-4 浴室柜　　　　图4-5 淋浴房　　　　图4-6 坐便器

4.3 采暖产品

4.3.1 散热器

国内建筑住宅冬季采暖方式，常规分以下几种：水暖、电暖、独立地采暖、空调供暖。我们这里介绍是水暖散热器的知识。

主要种类：

1. 铸铁散热器：柱型、翼型（开发商常用）。

2. 钢制散热器：板型、柱型、管柱型、串片型、翅片管型、卫浴型（个人可采购，用于更换）。

3. 铜铝复合散热器：铜铝复合柱翼型、铜管铝片对流型、卫浴型（高档产品，在联排、别墅常用）。

采用的技术标准，暖气片材质应符合《优质碳素结构钢冷轧钢板和钢带》GB 13237 的规定，水道管厚度为 1.5mm。暖气片应逐组进行水汽压实验，承压能力不小于 1.6MPa。

4.3.2 暖气施工的特殊性

1. 暖气的施工顺序

暖气施工一般在水电之前，测量在开工之前，安装在墙面铺贴完壁纸或者刷完墙漆。地面铺完砖，如果是地板，在地板前安装。暖气制作周期在 25～30 天左右。所以暖气属于早项，别等装完了再选暖气。合理安排时间以免耽误工期。

2. 暖气施工准备

新暖气施工前将旧暖气拆除，将暖气位置不理想的改到更适合的区域和位置。常规在水电管路施工之前或者和水电管路项目一起进行。暖气施工一定要注意管件材质必须要和开发商所配暖气管件材质保持一致。管道铺设按规范执行。施工结束以后，尽量创造条件进行打压测试。暖气打压结束后，需做好成品保护措施。将所有的暖气管道口暂时封住，以免后期施工掉进砂子或其他东西，导致暖气管道堵塞。

暖气管路布线时，应考虑拐弯处不宜太多，厨房卫生间暖气管建议暗铺设，其他视情况而定。

3. 散热器的常用接管方式

从保证散热量的角度出发，同侧上进下出、异侧上进下出、底进底出（中间设隔板）三种接法对散热量的影响基本相当，差别不大，应优先采用。同侧下进上出会减少散热量25%～35%，不应采用。

4.3.3 暖气材料和防腐处理

1. 暖气的壁厚

钢制暖气的壁厚决定了它的使用寿命和效果。行业内钢制暖气在壁厚最高标准是2.0mm，片头处是2.5mm。一些小的品牌厂家壁厚可能是在1.5～1.8mm。建议在选择上要慎重。

2. 暖气的防腐

暖气的使用寿命还和暖气的防腐涂层有很大关系，小的暖气厂家可能为节约成本做1层，且有些只会涂在能看到的地方，所以会导致暖气的使用寿命衰减。规范大品牌厂家的防腐涂层是3层，选择时也要注意。

3. 暖气的漆面工艺

很多人说家里的暖气用久了会变色、掉漆。这个在选择的时候也要注意，看喷漆还是烤漆。喷漆的在3～4年左右就会出现变色、褪色、掉漆现象，但如果是大品牌的暖气厂家都会是烤漆，相当于汽车的漆，不容易变色、掉漆。

4.3.4 选购方法

1. 普通建筑住宅暖气建议选择钢制暖气和铜铝暖气为宜。

钢制暖气：适用于集中供暖，因为钢制暖气储水量大、经济实惠，但不耐氧化，要采取内防腐处理，停水时一定要充水密封，防止空气进入。并且其对小区的供暖系统有一定要求，需专业人员上门查看。

铜铝暖气：适用于自采暖，因为铜铝暖气的储水管小，第一省水省电；第二散热效果快；第三压力小，自采暖壁挂炉可以承受住；第四就是防腐蚀，使用寿命长。铜铝复合散热器：承压能力高，散热效果好，防腐效果好，使用寿命长，采暖季过后无须满水保养，没有碱化和氧化之虞，比较适合北方的水质及复杂的供暖系统。

2. 当然集中供暖也可以选择铜铝的。但自采暖不建议用钢制的，自采暖用钢质的首先费水费电，其次压力太大会减少壁挂炉的寿命。

3. 选择暖气的时候，要选品牌靠得住，后期服务质保都是比较重要的，暖气属于高危产品所以后期的一些服务相对来说更为重要。尽量选择大厂家，在施工安装，售后服务相对来说更有保证。

4. 暖气的带热面积和建议参考高度

180cm 规格的 1 片可带 $3m^2$，宜放客厅显大气。

150cm 规格 1 片可带 $2.5m^2$，宜放卧室不压抑。

50cm 规格 1 片可带 $1m^2$，宜放窗台下。

小背篓款式的一组可带 $4m^2$ 左右，是厨卫专用散热器。

4.3.5 安装检查：由专业暖通质检人员完成

4.3.6 散热器的保养

1. 满水保养：散热器在供暖季使用完毕后，必须采取非供暖期间的满水保养措施，即在停止供暖前先关闭回水阀门，然后打开气阀放出散热器内的气体，再关闭进水阀门，这样才能保证散热器的使用寿命，防止泄露事件发生。

2. 暖气管道上的阀门不可随意开关。供热系统首次运动的时候，一般都需要调试。具体到各家各户就是调整每个立管的阀门到合适位置，打开每个暖气片的手动放气阀，排出集存在暖气片里的空气或打开安装在系统顶部的集气罐的排气阀排气，直到每个暖气片都热起来的时候，调试就完成了。调试完成，阀门就应该固定不能随意开关。房间内靠近暖气片的地方尽量保持一定的散热空间，否则就会影响暖气片的散热效果。

3. 不可随意从系统中放水，管道中缺了热水，就要补充冷水使管网系统保持一定压力，失热水越多，管网中的水温就会迅速下降，造成室内温度降低。用钢制暖气要注意在停暖时，及时关上阀门，使暖气中充满水延长实用寿命。

4.4 门窗

4.4.1 室内门

1. 室内门

它在装饰装修行业中泛指是包含门扇、门锁五金、门套等部品配件。

（1）室内门种类

1）按开启方式分：平开门、推拉门、折叠门、子母门、圆弧对开门。

2）按材料工艺分：金属门、实木复合门、平板门、免漆门、铝合金门。

3）按住宅位置分：防盗门、入户门、居室门（图4-7）、厨房门（图4-9）、卫生间门、阳台门。

4）按款式分：全玻门、半玻门、夹板门、凹凸造型门。

图4-7　卧室门　　　　　图4-8　圆弧对开门　　　　图4-9　厨卫门图示

（2）代表性室内门简介

1）平板门：将木方料拼成门框，作为门中间的轻型骨架，在中间框两面贴胶合板、纤维板、模压板等薄板材料，或满钉胶合板。多层板常用有杉木、杨木、水曲柳、柚木、橡木等，厚度在4～6mm。多层板可整张或采用拼花方式。平板门外面简洁光滑。也有在外面镶嵌各类装饰线条，称为造型平板门。有白色混油门和和刷清油门（有天然木质花纹）。

2）实木复合门由两种以上主要材料做成的门。通用结构是内框架＋门芯＋饰面板（或木皮）＋喷涂油漆，据各部件的材质、做法决定各种性能、档次、价格。

a. 多以白松木、指接板等为框架骨料基材。以名贵树种的木皮（优质木皮厚度一般达0.6mm），外覆贴面经过高温热压后制成，实木封边、擦拭上色、外喷聚酯面漆制作的家装室内门。白松含水率低变形小，易于加工，是世界通用的优质木门骨料，从装饰饰面来讲，贴天然木皮自然美观，花纹清晰。实木复合门是充分利用了各种材质的优良特性，避免了采用成本较高的珍贵木材，在不降低门的使用和装饰性能的前提下，有效地降低生产成本，有良好的实木花纹的视觉效果。这是实木门的高级做法，即使是进口高级欧洲木门也是如此做法。

b. 实木复合门常用树皮有樱桃木、胡桃木、沙比利、柚木、橡木、楸木、曲柳、枫木、花梨等十多种材质，且每种材质还有三或四种色样可供选择，如：浅咖啡色、玫瑰红色、橘红色等。

3）免漆门就是不需要刷油漆的木门。一次成型，施工周期短，交工验收既可使用，市场上的免漆门绝大多数是指PVC贴面门。它是将木质复合门或模压门最外面采用PVC贴面真空吸塑加工而成，门套也进行PVC贴面处理。免漆门有多种色彩，是大众化普通客户的选择。优点是价格实惠，基本使用功能达标。因为免漆门没有刷油漆工序，所以在空气中散发的游离有害物质相对较少，降低了对人体造成的有毒危害可能性。

2. 选购方法

第一步：看企业，是正规大中型企业生产，在一线城市有多个门店。

第二步：看与装饰搭配，家装风格简单分为简约混搭、中式、欧式，听取设计师的建议。以白色平板门系列、凹凸造型门系列、实木复合门系列（天然花纹）为主。

第三步：看价格，免漆门参考价450～700元/樘、凹凸造型门1300～1800元/樘、实木复合门1700～2600元/樘。依据产地不同，价格不同。

第四步：看款式工艺，玻璃框厨卫门、铝木复合门、免漆门等款式差别大，依据个人喜好，进行选择。

第五步：看售后服务，最好在当地城市，已有3～5年门店销售历史，在社会上没有负面新闻。

4.4.2 断桥铝、塑钢门窗

1. 设计功能

（1）门设计：不仅可以有助于室内的采光、通风，而且还是室内外进出的通道，同时门的设置是为了我们进出房间的需要，也是我们保证室内安全的一个重要设施，不同造型、色彩的门窗也可以在一定程度上，对室内空间起到美化的作用。

（2）窗设计：通风、采光还有观景眺望的作用，根据大小、形式、开启、构造的不同还有其他的作用。

（3）门窗按其所处的位置不同分为围护构件或分隔构件，根据设计要求的不同要分别具有保温、隔热、隔声、防水、防火等功能。

（4）门和窗又是建筑造型的重要组成部分（虚实对比、韵律艺术效果，起着重要的作用）所以它们的形状、尺寸、比例、排列、色彩、造型等对建筑的整体造型都要很大的影响。

（5）现代很多人都装双层玻璃的门窗，还有专门的隔声门窗，除了能增强保温的效果，很重要的作用就是隔声，城市的繁华，居住密集，交通发达，隔声的效果愈来愈受人们青睐，给人们带来舒心安静的环境。

2. 分类

门窗的种类比较多，按其材料来分有实木门窗、铝包木门窗、木包铝门窗、普通铝合金门窗、断桥铝合金门窗、纱窗一体化铝合金钢门窗、钢质门窗、防火门窗等。住宅主要分为以下三种。

（1）铝合金门窗：由铝合金型材制作的框、扇结构的门、窗。

（2）塑钢门窗：也叫塑料门窗。是以聚氯乙烯（PVC）树脂为主要原料，加上一定比例的稳定剂、着色剂、填充剂、紫外线吸收剂等，经挤出成型材，然后通过切割、焊接或螺接的方式制成门窗框扇，配装上密封胶条、毛条、五金件等，同时为增强型材的刚性，超过一定长度的型材空腔内需要添加钢衬（加强筋），这样制成的门窗，称之为塑钢门窗。

（3）系统门窗

所谓门窗系统是由一个品牌供应商集型材、五金件、辅材于一体，系统性技术研发（除玻璃、安装用材外）门窗构件材料，达到技术含量能系统性发挥。通过互应各材料间不同的特质研究，所供货的门窗材料配置兼容性均为统一联动，抵消单一构件的质量过剩，确保门窗材料的技术性能的完整性大大超出原先由各个材料分散供应再组拼起来的水平，也就是讲，门窗产品的所有材料整体是一个品牌系统，统一供货、质保、售后服务，以确保门窗加工企业对承担质量保证被追溯的可控性。

门窗系统的组成部分主要由配套机械设备、专业技术支持、系统型材、系统五金件、系统胶条这五部分组成。

3. 功能特点

（1）断桥铝门窗：采用隔热断桥铝型材和中空玻璃，具有节能、隔声、防噪、防尘、防水等功能。断桥铝门窗比普通钢材门窗热量散失减少25%以上，隔声也有很大改善。它的水密性、气密性能更加优良。在产品品质上，比塑钢窗高一个等级，属于高档产品。在国内普通城市建筑住宅中，还没有普遍采用。在北、上、广、深中高档住宅已大量使用。

（2）塑料门窗：是以聚氯乙烯（PVC）树脂为主要原料，加上一定比例的稳定剂、着色剂、填充剂、紫外线吸收剂等，经挤出成型材，然后通过切割、焊接或螺接的方式制成门窗框扇，配装上密封胶条、毛条、五金件等，同时为增强型材的刚性，超过一定长度的型材空腔内需要添加钢衬（加强筋），这样制成的门窗，也称塑钢门窗。

塑料窗近年来又出现了除白色以外的单色和双色型材。其隔声、密闭、隔热性能优于普通铝合金推拉窗。自身还有绝缘性能；该窗型在欧洲已有30年的使用期，其耐候性能铝合金窗类似，且造价低于铝合金窗。

4. 断桥铝门窗品种花色

（1）全新旋开窗，以推拉的形式开启，却优于平开窗的密封性能。窗扇开启面积大却不占用空间，节能环保的特质充分展现。

（2）多玻环保节能窗，节能优越于普通窗。利用增加玻璃的空气间层数量、达到阻滞冷热散失速度的目的。同时多级密封弥补密封中存在的不足，达到更好完全膈绝的状态。控制了热量的散失，减少了噪声的干扰。

（3）铝木复合门窗，材料外观上外刚内柔，耐用。铝木复合木铝型材及木铝共生型材。发挥了室外铝合金轻质坚固、防雨、防腐蚀、多色可选的特征，同时让室内木质华贵、节能环保的特质展现。

（4）断桥彩铝门窗，特点轻质坚固，节能。断桥铝合金型材一改普通铝合金型材不节能的表现，多种颜色具有与家装相匹配的选择性，内外双色的装饰效果也得到发挥。

（5）按开启方式分常用的为：上悬窗、中悬窗、下悬窗、立转窗、平开门窗、滑轮平开窗、折叠门、推拉折叠门、内倒侧滑门等。

5. 材料

（1）铝型材根据型材加工后的加工工艺，按涂装方法不同，主要分为氧化、电泳，静电粉末喷涂、氟碳喷涂、木纹转印这几种，目前市场上85%消费使用的为静电粉末喷涂。

（2）推拉窗目前主要型材有：70系列、75系列、80系列、85系列、90系列。

平开窗目前主要型材有：45系列、50系列、55系列、60系列等。

其中，门窗系列名称一般是以铝型材边框的宽度来命名。

（3）铝合金断桥型材：

1）穿条式隔热型材：由铝合金型材和建筑用硬质塑料隔热条通过滚齿、穿条、液压等工序进行结构连接，形成有隔热功能的复合铝合金型材。

2）浇筑式隔热型材：将双组分的液态胶混合注入铝合金型材预留的隔热槽中待胶体固化后，除去铝合金型材上隔热槽上的临时铝桥，形成有隔热功能的复合铝合金型材。

（4）铝合金型材规格不同，各个厂家价格报价也不同。询价前，要先看样品，选好窗型和型材规格，然后，请厂家根据窗洞要求进行设计，并计算基本价格（主型材、加固型材、玻璃、五金件、其他配件、制作费、安装费等）。

最终结算后才是门窗价格。常规断桥铝合金平开窗价格在550～1600元不等。高档的如铝木复合断桥平开窗、加low-e钢化中空玻璃每平方米在1600～3000元之间，几千一平方米也有，适合别墅区使用。

建议在普通小区内业主，首先要型材选择应按照洞口尺寸计算。常规也可是选择普通60系列双玻。在临街的住宅可以选择70系列三玻，抗噪声品质好。

（5）塑钢窗用型材

塑钢型材简称塑钢，也叫PVC型材。塑钢门窗较之铝和木制门窗有以下优势：

1）价格便宜，塑料的价格远低于具有同等强度和寿命的铝。

2）色彩丰富：给建筑增添的不少姿色，彩色贴膜型材甚至可以做出以假乱真的木纹效果。

3）经久耐用：在型材型腔内加入增强型钢，使强度得到很大提高，具有抗震、耐风蚀效果。型材的多腔结构，独立排水腔、使水无法进入增强型钢腔，避免型钢腐蚀，使用寿命得到提高。

4）保温性能好：本身导热性能远不及铝型材，多腔结构更是达到了隔热的效果。夏天使用塑钢门窗的室内温度较之铝门窗的平均低 5~7℃，冬季则要高出 8~15℃。

5）隔声性能好：中空玻璃密塑钢门窗具有卓越的隔声性能。隔声已经成为选择门窗的主要条件，特别是在闹市区的住宅。塑钢门窗组装采用焊接工艺，加上封闭的多腔结构，对噪声的屏蔽作用十分明显。

6. 五金配件

（1）门窗五金配件的种类：

合页（链接）：用于扇与框的连接，使能围绕合页的芯轴转动，达到开启闭合的作用。

执手类：置于扇上，通过机械动作于扇的开启闭合。有的经连接传动器延伸锁点更使扇紧扣与框上，达到防盗密封效果。

滑撑类：当扇开启到一定角度时，即拉伸杆体可支撑及紧定扇角度的作用，关闭时则即缩杆复位。也另有四连杆、五连杆的设计，用摩擦力来无级调整扇开启的角度，并承载扇自重。

拉手类：置于扇上，无需转动等机械动作，只需借力达到动作扇的开启方向，有的是装饰功能大于使用需求，有单点、两点、多点及单杆、双杆等多规格过品种。

传动器：有两个以上的锁头及锁座，通过连杆装置，增加锁点能使扇紧扣于框，提高封闭性能和防盗作用，多用于门和有要求的扇。对有提升扇、下悬扇等功能要求的，通过传动器均也能达到。

门锁类：用于扇关闭作为锁定之用。开启时须用钥匙开起，锁舌方能动作。有附带执手或连动传动器以增加多锁点的锁具，延伸其使用功能的作用，还有室内单面锁和室内外双面锁品类。

插销类：装在扇上，可为开启扇作临时固定之需。有天地（上下）销或单边销多种。天地销一般可使活动扇固定后作为另一扇闭合时成为框的功能。

（2）推拉门窗

滑轮类：用于支撑推拉门窗扇的重量，并将重力传递到框型材上，通过自身的滚动使扇沿框轨道移动的装置，有单、双滑轮和可调节圆心高度等多品种。

窗锁类：用于扇关闭后的锁具，使室外不能移动扇，只能在室内启闭。有半月锁、钩锁、执手带锁等多品种。

执手类：置于扇上，通过机械动作于扇的水平或连动传动器作提升或下悬等功能要求，达到扇的运动方向和防盗等效果。

定位件类：置于扇框上下、两扇横向搭接处，防止扇在运动中或人为提升扇时脱落与框，可防止事故及防盗，另还有密封作用，故称密封桥或防盗块；置于扇左右（水平）移动时与框碰撞时作缓冲，保护半月锁等配件及扇重力撞击框，又称防撞块。

7. 纱窗款式种类

（1）隐形纱窗是纱网能自动回卷的纱窗，初春采光相对比较好。隐形纱窗包括纱网及由主管、弹簧盒、轴支座、内轴、端座组成的纱网卷收机构，同时可根据需要调整窗户玻璃与纱窗的开度，当将玻璃窗推开时，纱网随玻璃窗展开，遮拦打开部分，当关上玻璃窗时，纱网在卷收机构弹簧弹力作用下，卷绕于内轴上收藏于主管内，不占空间，不影响窗户的美观，随玻璃窗开关或隐或现，方便装拆，是一种与推拉窗配套使用的理想纱。

（2）平开纱窗，这款纱窗可以平开，拆卸比较简单，后期清洗和换网方便，有室外护栏的话也不影响使用。

（3）金刚网防盗纱窗是由高强度不锈钢丝径重型精密织机制造而成，表面经过喷塑亚光处理，安装于铝材门窗上，复合成一体，具有强度高、简约有力、抗剪、抗撞击等优质性能，真正的体现了防盗、防虫、通风、美观、安全等优点。

8. 选购方法

第一步：看铝材，五金系列产品的品牌。选铝材品牌，按实际需求定型号。

第二步：看门窗材料、加工工艺、款式，选五金配件、纱窗、玻璃。

第三步：看做工，看设计、看售后服务。

9. 施工要点与安装质量

（1）新房窗户测量是第一步，拿到钥匙就可以测量。对于即有住宅二次装修：工人进场后，拆除窗户周围的瓷砖和窗套窗户就可以测量了。

（2）窗户安排应在贴瓷砖和墙面处理之前，合理安排装修流程以免耽误工期。否则待瓷砖铺贴完成后再进行安装，则由于在受冲击钻的冲力可能会震裂瓷砖而且防水处理很难完善。常规门窗需要30～40天的生产周期。

（3）测量员（门窗设计师）到实际工地现场，进行实地勘察测量。掌握门窗安装位置上的设备接口，门窗长、宽、高尺寸。门窗部件品种规格需求。按草图标注制作尺寸。

（4）断桥铝门窗的尺寸、开启方向安装位置、连接方式及断桥铝门窗的型材壁厚、填嵌、密封处理应符合要求。

（5）门窗框的安装必须牢固；与框的连接方式必须符合设计要求。

（6）窗扇必须安装牢固，并应开关灵活、关闭严密，无倒翘；推拉门窗扇必须有防脱落措施。

（7）门窗表面应洁净、平整、光滑、色泽一致、无锈蚀；大面应无划痕、碰伤；

漆膜或保护层应连续。

（8）安装质量验收，按国家行业标准《住宅室内装饰装修工程质量验收规范》JGJ/T 304 和《建筑装饰装修工程质量验收标准》GB50210 执行。

10. 个人定购案例

（1）市场上订购普通断桥铝合金窗户面积 10 平方米，可免费开 3 扇窗，再开费用另计，但是不包含上悬窗高档窗等。

（此案例只是某城市地区的做法，常规还是根据图纸，按平方报价，不含隔热推拉窗）

（2）中高档门窗的套餐价格是每 10 平方米包含 3 套开扇包含平开上悬窗。每平方米在 450～1400 元以上，高档在 1500～4000 元之间。

（3）计算损耗多种多样，开启窗单价低的产品，都有 10%～20%。

（4）销售服务条款

1）收到支付定金后，根据与业主约定时间进行上门测量。

2）测量完成后，在 3～4 个工作日内给到业主测量后的图纸、配件、特殊要求所生产的各类费用明细。

3）客户根据设计图纸确认尺寸、各类收费、配件等明细后，在图纸上签字确认，同时与商家签署合同。

4）合同签署完毕后商家进行产品生产，25～35 天的生产周期后，进行配送和安装。

5）断桥铝合金门窗，依据产品普通、中档、高档整体质保 2～5 年（玻璃和普通纱窗不包含在内）。

11. 门窗防渗漏注意事项及预防方法

门窗工程渗漏是建筑住宅工程中业主投诉、返修率较高的质量问题之一，它不仅影响了房屋的正常使用，还有渗漏影响造成的其他装饰专修的返工处理。

门窗渗漏的主要原因和现象

（1）门窗设计不合理的渗漏。包括抗风压设计不足，分割不合理等。

（2）门窗框与门窗洞口墙体之间缝隙处理不当，密封胶施工不符合要求。

（3）门窗框材料拼接、组角及螺栓螺丝孔未胶封处理或不密实导致接缝渗水。

（4）窗缝结构抹灰存在空鼓、裂缝、起砂，导致密封不严渗漏。窗台泛水倒坡，窗上口滴水设置不合理。

门窗渗漏预防方法

（1）门窗设计方面

1）根据工程项目外窗的结构规格进行荷载计算，确定窗型材系列型号和型材壁厚，保证门窗结构强度和抗风压设计。

2）对窗框拼樘料、中梃、横档、转角拼接料等细部防水节点进行优化设计。

3）门窗的防水及排水设计符合型材和门窗结构的要求。框与墙体间缝隙预留符合要求，对门窗填缝及防水构造要求设计合理。

4）窗上部按规定做滴水线或鹰嘴，窗台坡度符合要求防止倒泛水。

（2）门窗加工过程中防渗漏具体措施

1）制作加工精度保证，防止装配间隙过大。

2）铝型材组角或拼缝搭接处采用密封胶密封。门窗框料加工拼装节点均应有密封措施，拼接细部节点内外部位均用密封胶封堵，框上螺丝孔拧丝前应注胶，并保证拧丝后密封胶满溢出。

3）防止密封胶条、毛条下料偏短，造成端头渗水。

4）排水孔设置要符合设计要求，孔要设防风盖。

5）对于有转角或连通形式的门窗，连接杆件的上下部进行封堵，防止雨水由上而下进入室内。

6）门窗转角拼接杆及转换框的型号要选择密封性能好的，现场拼接时要在杆件内部涂密封胶，提高转角拼接缝防水能力。

（3）门窗安装过程中的防渗漏措施

1）根据设计选用水泥砂浆填充法，水泥砂浆采用干硬性水泥，塞缝要严实。

2）门窗边框四周的外墙面300mm范围内，增涂二遍防水涂料以减少雨水渗漏的机会。

3）门窗的密封件和粘结材料一定要选择合格的和在使用期内的产品，密封胶条抗老化性能应优良，规格合适，宜选用氯丁橡胶、三元乙丙热固性橡胶或热塑性橡胶、硅橡胶等。

4）门窗的密封条是隔汽、防水的重要部件，转角处应切成45°角并用硅胶粘结牢固，不得有缝隙。门窗关闭后其密封条必须全部受压状态。

5）在风压较大时会有水从室外侧进入到框与扇的五金装置连接处，因为室外侧风压比连接处的高，形成水一直无法排到室外就会进入室内，形成渗漏水；可在设计时设置等压腔，包含框扇合作处及敞开扇上。

6）安装过程中加强过程控制，通常可以分节点进行淋水试验，外框安装完成后淋水检验塞缝和防水涂料的施工质量。门窗安装完成后淋水试验，检查门窗在制作和安装过程中是否有渗水隐患。

门窗检查见附录D：室内门窗、垭口安装检查单

4.5 绿色建材

4.5.1 装修材料国家相关污染物的限量标准

下列为建材常用环保标准，便于企业开展装修工作时对绿色建材的选用。

1.《室内装饰装修材料人造板材料有害甲醛释放限量》GB18580

2.《室内装饰装修材料溶剂型木器涂料有害物限量》GB18581

3.《室内装饰装修材料内墙涂料有害物质限量》GB18582

4.《室内装饰装修材料胶粘剂中有害物质限量》GB18583

5.《室内装饰装修材料木家具中有害物质限量》GB18584

6.《室内装饰装修材料壁纸中有害物质限量》GB18585

7.《室内装饰装修材料聚氯乙烯卷材地板中有害物质限量》GB18586

8.《室内装饰装修材料地毯、地毯衬垫及地毯胶粘剂有害物质释放限量》GB18587

9.《混凝土外加剂中释放氨的限量》GB18588

4.5.2 室内环境污染控制

1.装饰装修室内环境污染控制，应符合《民用建筑工程室内环境污染控制规范》GB 50325 的规定。

2.建筑装饰装修工程室内环境控制，污染物浓度限量应符合以下表的规定。

建筑装饰装修工程室内环境污染物浓度限量

序号	室内空气污染物	浓度限值
1	氡（Bq/m^3）	≤ 200
2	甲醛（mg/m^3）	≤ 0.08
3	苯（mg/m^3）	≤ 0.09
4	氨（mg/m^3）	≤ 0.20
5	总挥发性有机物 TVOC（mg/m^3）	≤ 0.50

3.对建筑装饰装修室内进行环保检测，应选择有相应行业管理机构，认证的环保检测资质企业。

4.5.3 绿色建筑材料的概念、特点

绿色材料是指在原料采取、产品制造和使用或者再循环以及废料处理等环节中对地球环境负荷最小，有利于人类健康的材料，亦称之为"环境调和材料"。

绿色建材，又称"健康建材"或"环保建材"，绿色建材不是指单独的建材产品，而是指为人类提供安全、健康和舒适的生活空间，使人和建筑以及环境和谐共处、持续发展。产品设计以改善环境、提高质量为宗旨。

绿色建筑材料的特点：

与传统的建材相比，绿色建材具有以下特点：

1. 采用低能耗制造工艺和无污染环境的生产技术。

2. 其生产所用原料尽可能少用天然资源，大量使用尾矿、废渣、垃圾、废液等废弃物。

3. 在产品配制或生产过程中，不能使用甲醛、卤化物溶剂或芳香族碳氢化合物；产品中不能含有汞及其化合物；不能用铅、镉、铬等种金属及其化合物的颜料和添加剂。

4. 产品具有多功能化，如抗菌、灭菌、防霉、除臭、隔热、阻燃、防火、调温、调湿、消磁、防射线、抗静电等，有利于身体健康。

5. 产品可循环或回收再利用，无污染环境的废弃物。

4.5.4 绿色建筑材料的分类

绿色建材强调装饰材料除具有实用功能、美观的外表之外，还要具有对人体没有毒害、没有污染，其性能分"环保型"和"保健功能型"。

1."环保型"

环保型建材又称无害建材，是指对环境和人体健康都不会产生危害的装饰材料。如天然的石材、木材、竹材和棉布等，不含有害的化学物质、符合回归大自然的趋势，既高雅又朴实。

2."保健功能型"

保健功能型建材：是指除了具有装饰功能、满足"环保型"条件外，还具有保健功能的装饰材料。如常温远红外线陶瓷，可以吸收外部环境的热量，并能将其转变为 8～12pm 的远红外线，能有效地促进人体血液循环，帮助人体消除疲劳。再如一种防辐射涂料，既可以阻挡有害的氧气，又能对射线起阻挡作用，可保护人体健康。

4.5.5 绿色装饰材料的特点

在城市装饰装修行业中，近年来出现了大量的以绿色冠名的"绿色装饰材料"。所谓的"绿色装饰材料"，是指室内装饰行业中针对装饰装修材料环保的一种特定名词。"绿色装饰装修材料"也是根据装饰装修材料的一些特定指标来衡定。装饰材料中有害物质含量或释放量低于国家颁布的《室内装饰装修材料有害物质限量》十项标准的材料。

例如：涂料中的有害物质（TVOC）规定的指标限量值是 200g/L，如果涂料中 VOC 的指标含量低于国家标准指标，这种涂料就可以称为"绿色装饰材料"。人造板中的有害物质"甲醛"规定的指标是 1.5mg/L，如果人造板中甲醛的指标含量低于国家标准指标,这种板材就可以称为"绿色人造板"。

绿色装饰材料的特点：

1. 以市场驱动为前提,是自愿性标准

以往的环境保护工作主要是由政府推动的,依靠制定法律、法规和环境管理标准来强制企业执行。

"绿色装饰材料"的标准强调的是非行政手段,企业产品、申请认证完全是自愿的,是出于商业竞争、企业形象或提高自身管理水平等需要,企业的产品通过"绿色装饰材料"产品认证,以此向外界展示其实力和对家装环境保护的态度。

2. 强调对有关法律、法规的持续符合性

没有绝对环境行为的要求,"绿色装饰材料"标准化的宗旨是希望各种类型的装饰材料产品,都能够符合国家的环保标准和行业的环保标准。

但是由于大型企业和中小型企业在经济、技术发展水平上相差很大,所以我们就要用统一的标准来衡量,以此尽快淘汰不符合环保要求的落后的产品,因此在承诺遵守我们国家和地方的法律和法规以及其他环保要求的基础上,"绿色装饰材料"标准提出要符合绝对的环境行为要求,因此凡是符合国家环保标准和行业环保标准的装饰材料产品都能通过认证。

3. 强调室内空气污染预防和持续改进

室内空气污染预防和持续改进是绿色装饰材料的两个最基本的思想,室内空气污染预防是通过对企业活动、产品和服务的全过程进行控制,力图使在每一个环节上装饰材料对室内环境的影响降到最小化,从而达到出场产品本身对室内环境影响最小化的目的。环保产品标准是用唯一的、绝对的标准来衡量,标准规定了具体环境绩效和有害气体、有害物质的释放指数。

4.5.6 绿色环保型材料的种类

基本无毒无害型

是指天然的,本身没有或极少有毒的物质、未经污染只进行了简单加工的装饰材料,如石膏、滑石粉、砂石、木材及某些天然石材等。

低毒、低排放型

是指经过加工、合成等技术手段来控制有毒、有害物质的积聚和缓慢释放,因其毒性轻微、对人类健康不构成危险的装饰材料。如甲醛释放量较低、达到国家标准的大芯板、胶合板、纤维板。

目前的科学技术和检测手段无法确定和评估其毒害物质影响的材料。如环保型乳胶漆、环保型油漆等化学合成材料。这些材料在目前是无毒无害的,但随着科学技术的发展,将来可能会有新认定可能的。

前市场上的环保装饰材料主要有以下几种：

环保墙材：新开发的一种加气混凝土砌砖，可用木工工具切割成型，用一层薄砂浆砌筑，表面用特殊拉毛浆粉面，具有阻热蓄能效果。

环保墙饰：草墙纸、麻墙纸、纱绸墙布等产品，具有保湿、驱虫、保健等多种功能。防霉墙纸经过化学处理，排除了墙纸在空气潮湿或室内外温差大时出现的发霉、发泡、滋生霉菌等现象，而且表面柔和，透气性好。

环保漆料：生物乳胶漆，除施工简便外还有多种颜色，涂刷后会散发阵阵清香，还可以重刷或用清洁剂进行处理，能抑制墙体内的霉菌。

环保地垫：TXWZ多功能空气净化地板伴侣，是将复合触媒材料覆载于环保基材之上形成的环保地板垫层。该新型产品主要用于祛除地板主辅材料及家具等所产生的甲醛、苯等污染，同时防霉防潮、抗菌抑菌及防虫防蛀。

环保照明：这是一种以节约电能、保护环境为目的的照明系统。通过科学的照明设计，利用高效、安全、优质的照明电器产品，创造出一个舒适、经济、有益的照明环境。

4.5.7 绿色装修工程

"绿色装修"是指房屋装修以后室内空气中有毒有害物质浓度低于国家《民用建筑工程室内环境污染控制规范》GB50325的验收规定。凡符合此规定的装修行为，常规称其为"绿色装修"。其含义有三：

1. 装修材料的指标符合国家规定，无碍健康。

2. 使用的材料有助于环境保护。比如，选用再生林而非天然林的木材，使用可回收利用的材料等。

3. 装修设计及施工以人为本。装修时不危及房屋结构，施工时不扰邻居；设计风格简洁，日后不必花大量时间去维护保养等。

在装饰行业中，有许多公司都纷纷打出"绿色装修"的牌子。那么，到底什么是绿色装修工程呢？

"绿色装修工程"是室内装饰行业针对装修后空气中有害物质的浓度低于国家有关标准的特定名词，是根据装修后室内空气中有害物质浓度指标来衡定的。

4.5.8 大力提倡绿色装修

要达到绿色室内环境的要求，应注意室内装修的设计原则、设计方案、施工程序、装修材料的选择与室内空气质量检验等方面：

1. 装修中尽量采用符合国家标准的室内装饰和装修材料，这是降低室内空气中有害物质含量的根本。

2.在选购家具时应选择正规企业生产的名牌家具，有条件的家庭可将新买的家具空置一段时间再说。

3.装修后的居室不宜立即迁入，而应当有一定的时间，让材料中的有害物质尽快挥发。

4.提倡简洁、功能主义的装修方案，即便每种材料都是合格产品，都是"绿色"的，但并不能确保最后装修结果也是"绿色"的，因为多种合格材料散发的有害气体加在一起，如果超过了该房间的承载度，同样会对居住者造成危害。

施工工艺篇

1 设计原则与图纸

1.1 实用功能设计

住宅大多数的空间结构是客餐厅、厨房、卧室衣帽间、卫生间、儿童房、书房、工作间等功能区。从住户人员结构上有人口多少不同等因素,在设计构造以及功能分区的时候,都要考虑到实际具体情况,同时也要兼顾到每个家庭未来的发展情况。

住宅设计看似在设计房子,但其实是在研究生活,所以设计的根本还是在于实用功能的基础上。从住宅生活以及收纳方面分析的实用功能设计。

1. 客厅

客厅既是外向型空间,又是内向型空间,肩负着会客、合家团聚等功能,其核心整理原则就是灵活和美观。客厅的内外型决定客厅人数会有增减,我们在设计家具等物品时,要考虑到位置的移动,以及开合的转换等。客厅空间属于一个最容易凌乱的空间,因为客厅的收纳90%是由家具承担的,所以在家具的选择和设计上,尽量考虑柜门和抽屉式,或者半开合的结构形式进行收纳。

因此,客厅除了传统设置的电视柜、沙发外,还可预留一定的空间满足人们的个人需求,例如:茶道设施、种植物等,空间占比不可太大,应注重采光效果,使客厅显得宽松、舒适。

2. 厨房

厨房收纳的核心是确保卫生和安全,使用时要取放方便,同时易清洁,尽量减少家务量。所以在设计中,厨房所占面积应控制在 6~8m^2 左右,可将后勤阳台和厨房相连,热水器以及洗衣机等设备置于后勤阳台内,从而克服厨房过小导致的使用不便的不合理现象。

3. 卧室

卧室的衣帽间是用来存放衣物，收纳原则是方便使用和分类清晰。物品的归类是卧室收纳的关键，所以设计收纳柜时就要考虑到不同品类的物品收纳空间的大小，多少进行合理分配，同时也要兼顾人的生活层次，人的年龄结构等情况。

此外，应注意卧室的私密性，和起居室之间最好能有空间过渡，直接朝向起居室开门也应避开中部。卧室、起居室应有与室外空气直接流通的自然通风。

4. 卫生间

需要满足洗面化妆、淋浴和使用方便等基本功能，最好能有所分离，避免使用冲突。另外，卫生间是属于比较潮湿的环境，易滋生细菌。尽量选择闭合式的收纳件。从卫生间的位置来说，空间通风以及紫外线是卫生间重要的组成部分，这就要求住宅设计规划卫生间的时候，尽量考虑能开窗的位置。同时，单卫的户型应该注意和各个卧室尤其是主卧的联系，双卫或多卫时，公用卫生间应设在公共使用方便的位置，但入口不宜对着入户门和起居室。

5. 儿童房

在设计儿童房收纳箱时，尺寸不宜过大，要使用不易碎、容易清洗的材质；造型可爱、色彩鲜亮的收纳箱。增强儿童参与的兴趣。尽量给儿童成长预留足够的空间，使儿童区分个人空间和家庭公共空间，形成自己对事物和关系的认知，以助于培养其独立性格。

6. 辅助空间

住宅辅助空间包括阳台、储藏间等，其在日常生活中的地位非常重要。比如储藏间，包括杂物间、进入式衣柜等多种形式，有效节省空间。阳台需与客厅一脉相连，能让全家人都享受自然风、自然光，同时避免影响卧室的私密性。

总之，根据住宅户型面积不同，普通型住宅强调主要功能齐全和空间的灵活适应性；小户型住宅强调基本生活功能要求；豪华型住宅强调创造高质量的生活环境，注重细节突出个性，并包含书房、娱乐、体育空间区域的设计。

1.2 装饰功能设计

住宅装饰设计是在以人为本的前提下，满足其功能实用，运用形式语言来表现题材、主题、情感和意境。装饰的目标是提高室内环境的适宜居住程度，满足人们日常的休息、工作生活。装饰设计目标在于充分的利用装饰中的线条特征、颜色变化、结构布局，对合理有效的生活功能进行处理区分，从而提高人们日常生活的要求，提升人们追求高品质生活的室内环境的心理状态。

1. 装饰功能设计内容

装饰功能设计的基本内容包括空间结构布局，色彩、光影变化，装饰陈列美化三方面。

首先从整体出发，以合理的空间设计方案为基础，不拘泥于固有的设计空间效果，可以对部分空间进行搭建和拆除，提高空间的层次感、变化感，营造美的设计任务要求。

其次，色彩和光影对装饰功能的实现有较大影响。不同的色彩布局和光影变化，给人以不同的情绪心理变化，映射人们心理变化。运用色彩和光影可以对空间布局内的设计进行改变，提高功能分区，提高美学效果。

在装饰中，空间上的家具结构不可缺少。结合不同功能性要求，对家具、灯、地板等进行材质、颜色选择，塑造装饰设计的不同特性，完善装饰和实用的协同性效果，确保功能和形势的合理统一，从而有效地提高室内装饰实际的合理性，体现富有个性化的装饰设计。同时，加强绿化装饰要素，将花木进行移栽处理，利用绿色植物，提高空间自然美感，从而完善空间美化效果。

2. 装饰功能设计原则

装饰设计要考虑实用功能的需求。通过处理空间关系、空间尺寸、空间比例等合理配置陈设与家具，妥善解决室内通风，采光与照明，努力使空间环境合理化、舒适化、科学化。

装饰设计要考虑精神功能的需求。装饰设计要研究人们的认识特征和规律，研究人的情感与意志，研究人和环境的相互作用；并运用各种理论和手段去影响人的情感，使其升华达到预期的设计目标。

空间的创新和结构造型的创新有着密切的联系，二者应取得协调统一，充分考虑结构造型中美的形象，把艺术和技术融合在一起。另外，由于人们所处的地区、地理气候条件的差异，各民族生活习惯与文化传统的不一样，在建筑风格上确实存在着很大的差异，这种差异使室内装饰设计也有所不同。

3. 装饰功能设计要点

室内装饰的空间主要依据上下、左右合为而成，需要对基面、墙面和顶棚进行装饰处理。根据装饰室内的需求，对室内装饰进行创新改进，提高室内环境装饰的美观效果，确保基面、墙面和顶棚的切合效果，从而满足室内装饰所追求的效果，提高装饰空间的设计变化内涵效果。

基面是室内装饰的重要因素之一，设计中要注意保持基面要和整体环境协调一致，取长补短，衬托气氛；注意地面图案的划分、色彩和质地特征；同时满足楼地面结构、施工及物理性能的需求。

住宅视觉范围中，墙面和人的视线垂直，处于最为明显的地位；同时墙体是人们经常接触的部位，所以墙面的装饰对于室内设计具有十分重要的意义。墙面装饰设计要注意整体性、物理性、艺术性三个特点。

顶棚是住宅装饰的重要组成部分，也是空间装饰中最富有变化、引人注目的界面，其透视感较强，通过不同的处理，配以灯具造型能增强空间感染力，使顶面造型丰富多彩，新颖美观。顶棚设计要注重整体环境效果、满足适用美观的要求，同时兼顾顶面结构的合理性与安全性。

总之，住宅装饰功能设计就是在遵循技术装饰的标准的前提下，提高住宅功能性装饰特点，重视色彩区分、完善空间设计结构、明确功能分区、加强装饰细节处理内容。从装饰的各个方面，有针对性地提高住宅环境品质。

1.3 装饰图纸

1.3.1 工装、别墅图纸

在建筑装饰装修工程中以及住宅大户型别墅、联排户型装修工程里，设计方应按下列各类图纸目录提供给甲方。保证建筑装饰施工的顺利进行。

1. 总平面图

包括目录、设计说明、总平面图、各层平面图、加建工程图、管道布线图、绿化园林图等。

2. 装饰施工图

包括目录、首页、设计说明、地面平面图、顶面平面图、室内立面图、剖面图、节点图等。

3. 结构施工图

包括目录、首页、设计说明、基础平面图、结构图、混凝土构件图、节点构造图、钢筋配筋等。

4. 电气施工图

电气系统图、照明布线图、开关电源布线图、灯位布置图等。

5. 给排水施工图

水路系统图、局部设施图、节点安装图等。

6. 暖通施工图

采暖管道布置图、空调布置图、新风系统图、地采暖施工图等。

7. 智能化系统图

中央监控系统图、智能网络图、电视电话布置图、安防监控施工图、环境音响布线图等。

1.3.2 住宅、小型商业空间图纸

住宅装修工程图纸、小型商业空间装修工程图纸。设计方可以依据装修项目的复杂程度，进行施工图纸设计绘制。以下是这一类工程施工图纸的举例。

1. 原始框架图

2. 拆改项目图

3. 墙体新建图

4. 平面方案布置图

5. 顶面布置图

6. 地面布置示意图

7. 墙面饰面图

8. 电气开关、插座连线图

9. 墙、顶面灯位布置图

10. 水位点位图

11. 厨房立面图

12. 卫生间立面图

13. 其他必要的各类施工图纸

1.3.3 建筑装饰设计收费标准

宜采用中国建筑装饰协会编《建筑装饰设计收费标准》执行。

1.4 施工审图

1.4.1 审图目的

熟悉了解设计图纸的风格特点和设计方案,安排采用中高级施工工艺很重要,同时为了发现图纸差错,要进行综合核对,将图纸中可能存在的隐患消除。减少工程施工工艺与设计图纸中不相符问题发生。设计图审核是施工管理中一项重要环节,是保证执行好施工工艺的基础。

1.4.2 审图原则

先粗后细、先总后分、图文结合、交叉审阅,达到逐步理解和深化的目的。确定用现有的施工工艺水平,即可满足设计方案实施。

1.4.3 审图要点

1. 审图过程:基础-墙身-屋面-构造-细部-节点。第二种,按施工工种展开,采用施工工艺流程程序进行审核。

2. 看图纸说明是否齐全,轴线、标高、各部尺寸是否清楚,无遗漏。了解装饰立面图、墙面、顶面、地面的装饰做法。

3. 联排、独栋别墅工程,需有节点大样图,且齐全、清楚。

4. 门窗、洞口位置、尺寸、标高、预留槽、预埋件标注参数是否正确。

5. 使用材料种类、规格、型号、花色、是否写全。

6. 装饰装修各个工种之间的图与表之间，在施工坐标、数量、材质、型号等重要数据是否一致，仔细检查是否有"错、漏、缺、碰"问题。

7. 审核有无建筑装饰法律法规，明令禁止的施工项目（如：拆改承重项目、私搭在公共区域的项目）。

1.4.4 审核内容

1. 是否是无证设计。图纸是否经设计单位正式签署盖有出图章（家装中由设计部经理或工程部审核员审核签字）。

2. 图纸、设计说明、符合目录要求。

3. 总平面图与施工图的几何尺寸，位置、标高参数统一一致。

4. 施工图中所列采用标准图集编号，是否完备。

5. 各种建筑装饰辅材、主材是否标注清楚、齐全。

1.4.5 图纸会审

1. 住宅装修装饰中会审单位或人员。单位指的是设计单位、监理单位、施工单位。人员指的是甲方、乙方设计人员、监理、项目经理参加。

2. 设计人员进行设计交底，将设计意图、风格特点、装饰造型、结构形式、外购定制件、自身建议，向与会者说明，交代清楚。

3. 监理、项目经理、甲方按会审内容，提出问题进行讨论、询问设计人员解答。共同研究达成处理方法和结论意见。

4. 住宅设计方案。都应制作装饰图形图像、效果图等，展示播放，设计图纸场景与施工现场吻合。

5. 签署图纸会审纪要。安排在开工交底完成时，有甲方、设计人员、监理、项目经理等签署开工交底单。

1.5 成品保护

1.5.1 成品保护原则

1. 成品保护应始终贯穿于工程施工全过程，随时完成随时保护，并遵循"谁施工谁保护"原则。

2. 施工单位必须做好成品保护样板，经验收批准后方可大面积施工。

3. 项目经理需合理安排施工顺序，防止后道工序影响或损坏前道工序。

4. 所有工序质量必须经施工单位自检及专业工程师验收合格后方可进行保护。工序交接时，成品保护也应进行交接验收。

5. 各参建单位加强协调，避免交叉作业对成品、半成品污染。

1.5.2　成品、半成品进场的保护

1. 材料进场必须有产品生产许可证、产品质量合格证、复试报告等有关质量保证资料，重点管控材料必须有环保检测报告，工程部对实物验收和资料审核。需做二次实验的，由监理工程师现场见证取样送有资质的检测单位进行检测。如进场检测发现有质量缺陷、损坏等问题立即退场更换。

2. 搬运过程中，不得将产品外包装、保护膜等拆除或撕坏。做到轻拿轻放，避免损坏楼内顶墙、扶手、楼道窗户、灯具、电气水暖设备、管井门及楼道门等。

3. 储存易碎物应相互隔离，易受潮材料应有防水措施，不得直接放置在地坪上，应放置在木板或其他搁置物上。有些强度较低易损坏的材料不得堆放过高或堆放在其他重物下。验收合格进场后按相关要求分类堆放、封存，做好防雨、防尘、防火、防腐、防潮、防挤压等工作。

2 吊顶工程

2.1 保温层置顶施工工艺

适用范围
适用于顶层房间顶部保温隔热的内部处理。

2.1.1 施工准备

1. 现场准备

1）需要进行保温隔热置顶施工的房间顶部清理干净。
2）顶部预埋管线均已经经过隐蔽验收。

2. 材料准备

1）挤塑板（厚20～50mm）锡箔纸、锡箔纸胶带。
2）塑料膨胀螺栓、白乳胶。

2.1.2 施工流程

基层清理→挤塑板表面粘贴锡箔纸→粘贴挤塑板→锚固胀栓→接缝处理→分项工程验收。

2.1.3 施工工艺

1. 基层清理

1）清扫干净基层，不得有浮尘、杂物等，并随时注意保持基面清洁卫生。
2）表面应牢固平整，空鼓、起砂、开裂部位需剔除干净，用水泥砂浆修补。

2. 挤塑板表面粘贴锡箔纸

1）根据挤塑板的规格计算锡箔纸的用料，裁剪锡箔纸，锡箔纸按照挤塑板尺寸每边各留出20～30mm的余量。
2）用滚刷均匀的将白乳胶涂刷在挤塑板上，不允许漏刷或局部过多。
3）粘贴时将锡箔纸从一端开始铺在涂胶的挤塑板上，用笤帚清触表面，使锡箔纸尽量平展，然后用刮板从中间向四周刮平，用力要均匀，不得有褶皱、气泡，不得刮破锡箔纸面。
4）粘贴好的挤塑板，平放在地面阴干，不得暴晒，注意不要使挤塑板弯曲变形。干燥后裁掉挤塑板边多余的锡箔纸。

备注：已贴好锡箔纸的成品板可直接粘贴施工。

3. 粘贴挤塑板

1) 根据需要粘贴位置的尺寸对挤塑板进行裁切，将裁切挤塑板粘贴在吊顶顶部及内部的墙壁上，锡箔纸朝向外，挤塑板粘贴时板缝错开，不得出现通缝。

2) 管道固定在顶部的部位可采用裁剪挤塑板进行拼接，遇到吊杆等部位可穿过挤塑板。

3) 顶部安装挤塑板要沿着四周墙壁下返至吊顶龙骨位置。

4) 建议使用挤塑板专用粘结剂进行粘贴。

4. 锚固胀栓

采用塑料胀栓加固，塑料胀栓采用经过防腐处理的螺钉，胀栓的有效锚固深度不得小于25mm，塑料胀管采用带圆盘的，圆盘直径不得小于50mm，板边固定点距板边50mm，整板固定间距不大于600mm。

5. 板缝处理

1) 墙、顶设备管线障碍造成挤塑板缝隙较大的采用发泡胶进行填补，发泡胶干燥后用壁纸刀切平。

2) 挤塑板间缝隙等用锡箔纸胶带进行封闭，管根等部分均需要进行封闭，使锡箔纸形成整体覆盖。

2.1.4 施工验收

隔汽层施工完毕后，自检合格方可由项目监理进行项目验收。

质量验收标准及检验方法

项次	项目	质量标准	检验方法
1	挤塑板 固定	牢固	轻拉
2	锡箔纸胶带	搭接严密无缝隙	观察
3	锡箔纸保护层	美观、服帖	观察

2.2 轻钢龙骨纸面石膏板吊顶施工工艺

适用范围

适用于室内轻钢龙骨纸面石膏板普通吊顶（不适用于不断浸水、超高温环境）。

2.2.1 施工准备

1. 现场准备

1) 吊顶内所有隐蔽工程的项目安装完毕并且做好检查验收工作，包括水电改造施工、隔蒸汽层保温内置等。

2）通风道已安装完,灯位、通风口及各种露明孔口位置均已确定。

3）施工图纸同现场复核一致,造型通过设计及业主确认。

2. 材料准备

1）轻钢龙骨C形龙骨（又称:主龙骨、承载龙骨）;轻钢龙骨U形沿边龙骨（又称:副龙骨、覆面龙骨）。

2）轻钢龙骨吊杆;可调节吊挂件;U形安装卡;C形龙骨连接件等。

3）轻钢龙骨石膏板、软连接材料、专用软连接带、锡箔纸胶带、塑料胀栓。

3. 机具准备

1）电动工具:砂轮切割机（图2-2）、电锤、木工电圆锯、曲线锯、电动手枪钻（图2-3）。

2）手动工具:壁纸刀、木工板锯、靠尺、滚筒、鬃刷、龙骨钳、拉铆枪。

3）检测工具:激光旋转水平仪（图2-1）、2m检测尺、水平尺。

图2-1 激光旋转水平仪　　图2-2 砂轮切割机　　图2-3 电动手枪钻

2.2.2 施工流程

弹吊顶水平线、龙骨分档线→安装边龙骨→固定吊杆、吊挂件→安装主龙骨→安装副龙骨→调平→隐蔽工程验收→安装石膏板→分项工程验收。

2.2.3 施工工艺

1. 弹吊顶水平线、龙骨分档线

1）用红外线水平仪在房间的各个墙角上抄出水平点,弹水平线。从水准线量至吊顶设计高度加上12mm,用粉线沿墙（柱）弹出水准线。

2）在顶棚上安装设计图纸弹出主龙骨及吊杆的位置。主龙骨宜平行吊顶长向布置,从中心向两边分。一般情况下吊杆间距为800～1200mm。如遇到障碍物可以调整,但临近吊杆的间距不得大于1200mm。

2. 安装沿边龙骨

1）安装边龙骨前，先在安装边龙骨部位粘上一弹性材料（软连接），沿墙上的水平龙骨线，将边龙骨用塑料胀栓固定。胀栓间距不能超过下层龙骨之间的间距，一般以 300~400mm 为宜。

2）边龙骨可接长，不用搭接或连接件，直接端头对齐即可，但固定的塑料胀栓距离端头不得大于 50cm。

3. 固定吊杆、吊挂件

Φ8 吊杆应垂直受力，采用膨胀螺栓固定在顶板上，吊杆上固定可调节吊挂件，吊杆无弯曲，吊杆距离墙边不得大于 300mm。

4. 安装主龙骨（图2-4）

1）主龙骨（也称上层龙骨），主龙骨吊挂在可调节吊挂件上，主龙骨间距 800~1200mm，主龙骨应根据房间大小进行起拱，起拱高度短向宽度大于四米的房间为 2‰，主龙骨自由端长度不得大于 300mm。

2）主龙骨的接头应使用 C 形龙骨连接件对接，相邻龙骨的接头应错开，同截面接头数量不得大于 50%。

3）主龙骨两端应搭在边龙骨的上部表面，轻钢龙骨端头距离墙面 5mm 为宜。

5. 安装副龙骨

1）副龙骨即为覆面龙骨，应紧贴主龙骨安装，用 U 形连接件把副龙骨固定在主龙骨上，副龙骨两端要深入沿边龙骨内部，龙骨端头距离边龙骨内壁 5mm。

2）副龙骨的分档间距，不得大于 600mm，在潮湿地区和场所，间距宜为 300~400mm，副龙骨接头应使用 C 形龙骨专用连接件对接，相邻龙骨接头错开，错开间距不小于一个吊杆间距。

3）在空调口、检修口、预留洞口等需要增加附加龙骨，附加龙骨安装使用连接用十字连接件，重型灯具等在附加龙骨的情况下增加附加吊杆和补强龙骨。

6. 调平

采用红外线水平仪配合对吊顶骨架进行调平处理，注意相应的起拱高度。

7. 隐蔽工程验收（图2-5）

需要进行隐蔽验收的项目有：吊顶内的电线导管；管道隔声；金属构件防锈；吊顶吊挂点、龙骨型号、连接、固定点；吊顶骨架间距、骨架平整度、起拱高度。对吊顶内可能形成结露的暖卫、消防、空调、设备等采取防结露措施。

8. 安装石膏板

1）安装石膏板采用 12mm 普通纸面石膏板，厨房卫生间等采用 12mm 耐水纸面石膏板。石膏板正面朝下，并在自由状态下固定，不能出现弯曲、凸鼓的现象，纸面石膏板的长边应垂直下层龙骨铺设。

2）自攻螺钉与板边距离，包封边 10~15mm，切割边 15~20mm。钉距：

板边150～170mm，板中200～250mm。螺钉与板面垂直，螺钉头宜略拧入石膏板面约0.5mm，不得破坏石膏板纸面。如有破坏，在距离50mm处另行增加一处固定。

3）石膏板固定时应从板面的中间向四边进行固定，不得多点作业。

4）可耐福自攻螺钉不需要点防锈漆，钉帽处用石膏抹平即可。

5）造型顶侧面石膏板须增竖向附加加强龙骨，间距不得大于600mm。

图 2-4　吊顶边龙骨"双钉"固定　　图 2-5　轻钢龙骨吊顶内"电管布线"

2.2.4　施工验收（图2-6、图2-7）

1. 吊顶石膏板完成后，须进行自检，合格后方可由监理组织进行工程验收。
2. 质量验收标准及检验方法。

项次	项类	项目	质量标准	检验方法
1		吊顶标高、尺寸、造型	符合设计要求	尺量
2		饰面板与龙骨连接	牢固可靠，无松动变形	轻拉
3	龙骨	龙骨间距	标准内	尺量检查
4	龙骨	龙骨平直	≤2mm	尺量检查
5	龙骨	起拱高度	根据面积而定	拉线尺量
6	龙骨	龙骨四周水平	≤2mm	尺量或水准仪检查
7	饰面板	表面平整	≤3mm	用2m靠尺检查
8	饰面板	接缝平直	≤2mm	拉通线检查
9	饰面板	接缝高低	≤1mm	用直尺或塞尺检查
10	饰面板	顶棚四周水平	≤3mm	拉线或水准仪检查

图 2-6 吊杆间距小于 120cm，副龙骨间距 40cm

图 2-7 石膏板固定自攻钉防锈处理

2.2.5 施工要点

1. 厨房、卫生间等潮湿环境使用 12mm 防潮纸面石膏板，高温环境使用耐火石膏板。

2. 在空调检修位置、过路管道检修位置、排风烟道处等需要留设检查口。

3. 吊顶工程应根据规范要求起拱，起拱控制在 1‰ ~ 3‰ 之间，在吊顶高度大于 1500mm 时，需要在吊杆处增加反向支撑。

4. 轻钢龙骨石膏板吊顶带反光灯槽、弧形、圆形或其他形式异型时，尽量使用轻钢龙骨进行，及特殊情况允许使用木龙骨做造型部位龙骨。所用木龙骨必须进行防腐、防火并应符合有关防火规范的规定。

5. 当设计为保温吊顶或隔声吊顶时，使用带单面锡箔纸的玻璃丝棉填充，填充应密实、接缝用锡箔纸胶带封闭严密。玻璃丝棉需要安置在主龙骨上方，铺设厚度均匀一致，并应有防坠落措施。

6. 需做隐蔽工程检查记录的项目有：吊顶内的电线导管、管道隔声；金属构件防锈，吊顶吊挂点、龙骨型号；连接、固定点、吊顶骨架间距、骨架平整度、起拱高度；对吊顶内可能形成结露的暖卫、消防、空调、设备等采取防结露措施。需做质量验收的项目有：轻钢龙骨骨架、石膏板罩面。

2.3 顶面、墙面粉刷石膏找平施工工艺

适用范围：适用于室内顶面、墙面普通找平施工。

2.3.1 施工准备

1. 现场准备

1）原粉刷石膏层坚实无空鼓，其他装饰层铲除至原结构层。

2）水电或其他各种管线已安装完毕，并验收合格。

3）线槽、废弃孔洞（包括脚手架孔洞）使用水泥砂浆填堵密实，且已经干燥。

4）各类预留口、预留洞为口盖板临时封堵，并做出标识。

2. 材料准备

1）底层粉刷石膏（用于墙面底层找平）。

2）面层粉刷石膏（用于填补粗糙表面的坑凹处）。

3）玻纤网格布、塑料膨胀螺钉。

2.3.2 工艺流程

基层清理→放线、贴饼→制备石膏浆料→网格布嵌入→冲筋→底层粉刷石膏披刮→满刮面层粉刷石膏→分项验收。

2.3.3 施工工艺

1. 基层清理

1）铲除原装饰层，包括腻子、石膏等基层材料，铲除至原结构层。

2）对施工表面进行清理，清除灰尘、松动砂浆或者石膏颗粒、不得有油污。对已经开裂部分进行加强处理。

2. 放线、贴饼

1）用激光水平仪在两侧墙面上弹出垂直线，在顶面弹出水平线，确定墙面找平部位。

2）在墙面距顶面、地面200mm，墙面中间弹出水平线，左右距墙面各200mm弹2条垂直线，中间墙面弹垂直线间距不得大于2m，在墨线交点的位置钻孔安装小塑料胀塞。自攻钉用靠尺和拉通线调节自攻钉平整度和垂直度。

3）平整度和垂直度调好后采用高强石膏在自攻钉处制作灰饼，灰饼凝结后拧出自攻钉。

4）抹灰厚度最少不应小于7mm。操作时先抹上灰饼再抹下灰饼，上下灰饼在同一条竖直的直线上；灰饼抹成50mm见方形状。横向灰饼之间的距离小于1500mm。竖向灰饼之间的距离在1500～1800mm之间。

3. 制备石膏浆料

1）按照粉刷石膏的使用时间，确定每次搅拌的用料，保证在硬化前用完，过程中不得加水，已凝结的灰浆不得再加水搅拌使用。

2）拌料筒中先加入定量的水,然后倒入定量的粉刷石膏,用电动搅拌机3～5分钟内搅拌均匀,搅拌过程中一般静置3分钟再搅拌,搅拌后即可抹灰使用。

4. 网格布嵌入

墙面满刮3～5mm的底层粉刷石膏,将玻纤网格布铺在粉刷石膏层上,用抹子压入粉刷石膏,待石膏初凝后即可进行下层抹灰。

5. 冲筋

1）在上下两个灰饼间冲竖通筋,用靠尺压平,冲筋时使用底层粉刷石膏,不得使用高强度石膏。

2）如冲筋高度大于20mm,需要在冲筋的上部压入150mm宽的玻纤网格布,预留二层玻纤网格布搭接使用。

6. 底层粉刷石膏披刮

1）干燥的墙面在批刮石膏前应用水进行湿润,但不得有明水。

2）按照灰饼及冲筋的高度,进行粉刷石膏抹至墙面上,抹灰宜由左至右,由上至下,直到冲筋所至高度。

3）用2～3m铝合金杠尺压紧冲筋由上而下刮去多余浆料,同时补上不足部分,在浆料初凝前可重复多次,依靠线板及靠尺调整,至墙面平整。

4）每刮一遍粉刷石膏不宜超过6～8mm,每遍石膏均要在粉刷石膏初凝后方可刮下一遍,刮涂粉刷石膏不得超过20mm,每超10mm增加一层抗碱玻纤网格布。

7. 满刮面层石膏

如底层石膏找平层表面比较粗糙时,满刮面层石膏一遍,如果底层石膏表面比较细腻,可不刮面层石膏。

2.3.4 质量检验标准及检验方法

项次	项目	允许偏差	检测方法
1	表面平整度	≤2mm	2m靠尺、楔形塞尺
2	立面垂直度	≤2mm	垂直度检测仪
3	阴阳角顺直度	≤2mm	拉5m线、不足5m拉通线
4	阴阳角方正度	≤2mm	直角检测仪检测
5	表面	无空鼓、无裂缝、无脱层	小锤轻轻敲击、目测

2.3.5 施工注意事项

1.袋装粉刷石膏在运输和储存过程中,应防止受潮,如发现有结块现象应停止使用。

2. 掌握每批进场粉刷石膏的初凝时间，正确控制制备石膏浆料的拌和量。

3. 制备粉刷石膏浆料时第一次搅拌完毕后，一定要静置3~5分钟，然后在适当搅拌。

4. 避免在墙面温度变化剧烈的环境下抹灰，夏季太阳直射致使水分挥发过快造成墙面石膏强度粉化，降低使用强度，冬季施工的环境温度不低于10℃，过低会造成石膏凝固缓慢或冻结而丧失强度。

5. 在粉刷石膏抹灰层未凝结硬化前，封闭门窗，避免过强通风使，石膏失去足够水化的水。粉刷石膏凝结硬化以后，保持开窗通风，使其达到使用强度。

6. 在粉刷石膏找平完成后，要进行有效的成品保护，避免磕碰、划伤等。

7. 粉刷石膏找平方不应使用在经常受水浸泡的部位，例如卫生间厨房等，此处应采用水泥砂浆。

8. 制备料浆的容器及电动搅拌器。在每次使用后都应洗刷干净，以免在下次的料浆制备时有大块的砂石和石膏的硬化颗粒混入，影响操作及效果。

9. 找平施工前，应在墙角铺设板条或者厚保护膜，防止落地灰污染地面，也方便回收再利用。

2.4 墙、顶面抗碱玻纤网嵌入施工工艺

适用范围
室内粉刷石膏找平方防开裂层处理。

2.4.1 施工准备

1. **现场准备**：基层处理完毕，准备进行粉刷石膏找平方的施工。
2. **材料准备**
1）抗碱玻纤网格布。（网孔间距4mm×4mm，单位面积重量130g/m^2）。
2）所有材料必须检验合格方能进行使用，材料存放应符合相应规定。

2.4.2 工艺流程

批刮基层粉刷石膏→铺贴玻纤网格布→批刮基层粉刷石膏。

2.4.3 施工工艺

1. **批刮基层粉刷石膏**
根据平整度控制线，在顶面或墙面满刮3mm厚基层粉刷石膏，批刮宽度1200mm。

2. 铺贴玻纤网格布

1）将玻纤网格布压入湿的基层粉刷石膏中，丝网弯曲的一面朝里，用抹刀从中央向四周压抹，将网全部埋入湿的胶浆。压实抹平不得有网线外露，两块相邻玻纤网格布必须搭接处理，重叠部分不得低于50mm。

2）粉刷层超过10mm厚时应再粘贴一层玻纤网格布处理。

3）在门窗洞口四角处45°方向补贴一块网格布200mm×300mm，以防开裂。

3. 批刮粉刷石膏层

1）待贴网基层粉刷石膏稍干硬至可以碰触时，再立即用抹刀涂抹第二道基层粉石膏。

2）后续粉刷石膏批刮方法详见粉刷石膏找平施工工艺。

3 隔墙工程

3.1 非承重轻型砌块隔墙施工工艺

适用范围

新建、二次改造非承重墙的砌筑、结构填充墙体、室内轻质隔墙的砌筑。

3.1.1 施工准备

1. 现场准备

非承重墙体与墙地面连接部位必须清洁对于墙、地面上的灰土、油污及杂物。空鼓、起砂需提前去剔除并除去松动颗粒，对于光滑的混凝土表面应凿毛处理。

2. 材料准备

1）水泥砂浆（配比为 1∶2.5 和 1∶3）。

2）蒸压加气混凝土砌块规格：600mm×250mm×200（150、100、50）mm。

3）水泥砖（灰沙砖或机制红砖等）。

4）$\phi 6$ 水平拉结筋、$\phi 8$ 膨胀螺栓。

5）材料应检验合格后方可进场，存放要符合材料存放要求。

3. 工具准备

1）搅拌工具：电动搅拌器.拌料桶、灰槽、水桶。

2）电动工具：云石机，电锤、砂轮锯、电焊机等。

3）手动工具：托板、抹子灰铲、钢筋切断钳、钢锯、笤帚、白线、墨斗。

4）检测工具：2米靠尺、线坠、直角尺、水平尺、激光旋转水平仪。

3.1.2 施工流程

施工准备→放线→砖体浸水→水泥砂浆的搅拌→砌筑隔墙基础→砌筑墙体→墙体顶端处理。

3.1.3 施工工艺

1. 放线

砌体施工前，依据施工图放出轴线、砌体边线和洞口线，墙面每层砖的砌筑线，并标出墙体拉结筋位置，并用电锤打孔固定 $\phi 8$ 膨胀螺栓。

2. 水泥砂浆的搅拌

使用水泥砂浆砌筑时环境温度、材料温度、水温均不应低于10℃。按施工要求加入定量清水中，搅拌均匀，静置5分钟后再稍加搅拌即可使用，灰浆必须在拌成后2小时内使用完，超过上述时间的砂浆不得使用，严禁加水再次拌合后使用（严禁超量加水，否则会导致强度降低并使收缩量增大出现裂缝、起砂等质量问题）。

3. 砌筑隔墙基础

墙底部先根据墙体厚度采用砌筑普通机制砖、水泥砖三皮作为墙体基础高度约200mm，或现浇混凝土坎台，其高度不宜小于200mm（如果采用混凝土坎台必须在混凝土浇筑完毕后进行3天的养护）。

4. 砌筑墙体

1）砌体材料砌筑前，清除材料表面浮灰，砌筑前需要用水湿润。

2）砌块砌筑时应上、下错缝搭砌，交接处咬槎搭砌，蒸压加气混凝土砌块搭砌长度不应小于砌块长度的1/3，轻骨料混凝土小型空心砌块搭砌长度不应小于90mm，砌块破坏严重的不宜使用。不得在墙体上设脚手架孔，有需要时使用移动脚手架。

3）空心砖、轻骨料混凝土砌块，小型空心砌块、蒸压加气混凝土砌块使用水泥砂浆砌筑，水平灰缝为10mm，竖向灰缝为10mm，砌体灰缝砂浆饱满度不得低于90%，要求灰缝内灰浆饱满，严禁出现透明缝，随砌随将砖缝挤出砂浆用铲刀刮除。每皮砌块砌筑时均需拉水平线，灰缝要求横平竖直，不得出现上下通缝，严禁冲浆灌缝。

4）砌体结构沿墙高每500mm设置2根φ6水平拉结筋，拉结筋与结构墙进行有效固定，所有砌体结构均使用通筋拉结。砌体结构墙高度超过3m宽度超过4m墙体中间要增设混凝土构造柱，构造柱钢筋必须与顶板有效连接。门洞口加设50mm厚的抱框。

5）拉结筋与原结构墙体连接方法（图3-2）:用φ8膨胀螺栓紧固在结构墙内，外露部分焊接φ6水平拉结筋，植筋深度不小于100mm（图3-1）。

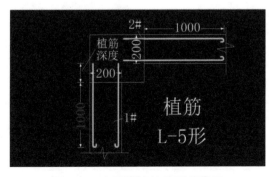

图3-1　砌筑隔墙植筋要求图示

6）门窗洞口上方须设置过梁（图 3-3），现浇 120mm 墙宽厚混凝土过梁，4ϕ10 钢筋，箍筋 ϕ6@200，过梁伸入两端墙体各不小于 250mm，主筋与箍筋用火烧丝绑扎牢固。门框处需要设置 50mm 混凝土抱框，2ϕ6 钢筋下端固定于地板，上端锚固在过梁上。墙体部分需要同拉结筋进行拉结。

图 3-2 轻体墙加拉结筋图示　　图 3-3 隔墙门窗口加过梁图示

7）设置混凝土构造柱的墙体先固定钢筋，然后砌筑墙体，墙体砌筑时在构造柱处留设马牙磋，每皮砌块一进一退，马牙磋不得小于 100mm。

8）墙体砌筑完毕后方可支设模板，浇筑构造柱混凝土，待混凝土终凝后即可拆除模板，过梁底模板不得过早拆除。

5. 墙体顶端处理

砌块砌筑不得顶到顶板，需要留设 200mm 左右的空间，待墙体砌筑完毕后，静置 48h，然后使用水泥砖或者机制红砖斜砌在预留空间内。

6. 构造柱、过梁用混凝土的配制

现场搅拌混凝土：水：水泥：砂子：豆石为 1：2：4：8（重量比），水泥采用 P.O32.5 普通硅酸盐水泥，水使用清水、砂为中砂、豆石粒径 8～15mm。

3.1.4　施工验收

1. 非承重砌块的砂浆饱满度及检验方法

砌块分类	灰缝	饱满度及要求	检验方法
空心砖砌块	水平	≥90%	采用百格网检查
	垂直	填满砂浆，不得透缝	
加气混凝土砌块和轻骨料混凝土小砌块	水平	≥90%	
	垂直	≥90%	

2. 一般尺寸允许偏差

项次	项目	允许偏差（mm）	检验方法
1	位置偏移	5	直尺检查
1	垂直度	5	垂直度检测靠尺或线坠检查
2	表面平整度	5	2m 靠尺和楔形塞尺检查

3.1.5 注意事项

1. 水泥砂浆配比必须严格按照施工规范进行。

2. 钢筋进行接长时需要搭接，两头需要弯钩，搭接长度不小于 $20d$（钢筋直径）。

3. 新旧墙体连接时新砌筑墙体不得在完工后立即进行砂浆抹面施工，需要静置几天，待灰缝干燥后方可进行抹面作业，新旧交接处加设钢丝网进行加强处理。

3.2 墙面水泥砂浆找平施工工艺

适用范围
砌体表面抹灰及混凝土表面抹灰找平。

3.2.1 施工准备

1. 现场准备

1）装饰层铲除至原结构层。
2）门窗框安装完毕且密封合格。
3）水电或其他各种管线已安装完毕，并验收合格。
4）线槽、废弃孔洞、脚手架孔洞，需使用水泥砂浆填堵密实，且已经干燥。
5）各类预留口、预留洞为盖板临时封堵，并做出标识。
6）所有成品、半成品的保护严密、彻底。

2. 材料准备

1）水泥砂浆配比为 1 : 3。
2）塑料膨胀螺钉（固定用）。
3）所有材料必须检验合格方能进行使用，材料存放应符合相应规定。
4）墙面各类规格挂钢丝网。

3. 工具准备

1）搅拌工具：电动搅拌器、拌料桶、灰槽、水桶。

2）手动工具：托板、抹子、灰铲、刮杠、滚筒、笤帚、白线、墨斗。

3）电动工具：电锤、电批。

4）检测工具：2米靠尺、铅锤、水平尺、直角尺、激光旋转水平仪。

3.2.2 工艺流程

基层处理→拉毛→放线、冲筋→制备水泥砂浆浆料→挂钢丝网（图3-4）→水泥砂浆抹灰→分项验收。

3.2.3 施工工艺

1. 基层处理

1）将墙面清理干净，不得有浮尘、松动水泥、石膏等颗粒。

2）新建砌体墙面表面用扫帚清扫干净，确保砌体墙面灰缝干燥。混凝土墙面不得有空鼓、开裂等，空鼓、开裂的部分需要剔除，剔除后用水泥砂浆补平。

2. 拉毛处理

对于原结构为现浇混凝土等比较光滑的表面时，需要进行拉毛处理。拉毛采用素水泥浆掺入适量环保胶进行，用笤帚扫到墙面上。拉毛前要对墙面进行检测，如果过于干燥，提前需要用清水进行湿润。

3. 放线、冲筋

1）在墙面上距顶、地面各200mm，墙面中间分别用墨斗弹3条水平线（墙体高度超过4m时需要增加一条水平线，左右距相邻墙面各200mm处，中部每间隔1500mm弹出垂直线，在墨线交点的位置钻孔安装塑料胀栓、拧上螺丝钉，用激光旋转水平仪配合靠尺和拉通线的方式调节自攻钉高度，确定墙面的平整度和垂直度。

2）平整度和垂直度调好后贴灰饼，灰饼控制在50mm×50mm之内，灰饼初凝后取出自攻钉。

3）冲筋：在上下两块灰饼间用水泥砂浆冲出竖筋，冲筋的宽度同灰饼，为50mm，用杠尺刮平。

4. 制备水泥砂浆浆料

1）清理干净搅拌桶，避免其他杂质的硬块影响水泥砂浆浆料的使用。

2）先将定量的清水倒在搅拌桶内，然后加入相应重量的配比好的水泥砂子进行搅拌，搅拌均匀后，即可抹灰使用。

5. 新砌筑轻体砖隔墙以及平整度误差大墙面，需挂钢丝网

6. 水泥砂浆抹灰（图3-5）

1）水泥砂浆每遍抹灰厚度控制在5~10mm，刮下一遍水泥砂浆时要在上一层浆料初凝后方可进行，满刮总厚度不得超过25mm。

2）抹灰时用托灰板盛上适当水泥浆料。以 30～40°的倾斜角度用抹子刮涂在墙体上，第一遍不用刻意抹平，粗糙的表面更利于第二遍抹灰的粘结，第二遍抹灰要根据冲筋高度进行填充，超过 10mm 的地方需要抹第三遍（图 3-6）。抹灰高度略高于冲筋高度，等抹灰进行到一定范围，用杠尺压在相邻两道冲筋上，用力刮除多于水泥砂浆，刮除时宜微微错动杠尺，防止水泥砂浆粘连在杠尺。

抹灰层较厚时，应根据情况增加钢丝网。

3）用杠尺刮平后，将凹坑处用水泥砂浆补平，待水泥砂浆初凝前后然后用钢抹子收光（收光程度根据后续工程确定）。

7. 养护

水泥砂浆找平后，要对墙面进行养护，最好采用淋水养护，在初期不宜开窗通风。

图 3-4　新砌墙体挂钢丝网图示

图 3-5　挂网抹灰层图示

图 3-6　抹灰找平赶平压实图示

3.2.4　施工验收

水泥砂浆找平后，用靠尺及塞尺等工具对墙面进行分项工程的验收，验收合格后方可进行下道工序的施工。

质量验收标准

项次	项目	允许偏差	检测方法
1	表面平整度	≤ 2mm	2m 靠尺、楔形塞尺
2	立面垂直度	≤ 2mm	垂直度检测仪
3	阴阳角顺直度	≤ 2mm	拉 5m 线、不足 5m 拉通线
4	阴阳角方正度	≤ 2mm	直角检测仪检测
5	抹灰层与基层之间粘结牢固、无脱落、无空鼓	无	小锤轻轻敲击、目测
6	表观状态	无起砂、裂缝	目测

3.2.5 施工注意事项

1. 袋装水泥在运输和储存过程中,应防止受潮,如发现有结块现象应停止使用,注意水泥的保质期,过期的水泥不得再进行使用。
2. 严格按照工艺要求进行水泥沙子的配比要求进行搅拌。
3. 制备水泥砂浆浆料搅拌过程中严格控制静置时间。
4. 避免在温度变化剧烈的环境下抹灰,最佳施工温度为 10 ~ 30℃。
5. 在水泥砂浆抹灰层未凝结硬化前,应尽可能地遮挡封闭门窗口,避免通风使水泥砂浆失去足够水化的水。但当水泥砂浆凝结硬化以后,就应保持通风良好,使其尽快干燥,达到使用强度。
6. 拌制料浆的容器及使用工具,在每次使用后都应洗刷干净,以免在下次的料浆制备时有大块的砂石和石膏的硬化验颗粒混入,影响操作及效果。
7. 抹灰前应在墙前地下铺设胶合板(如已做混凝土地面,也可不铺胶合板,但必须打扫干净),可使抹灰过程掉下的落地灰收回继续使用。但已凝结或将要凝结的料浆决不可再使用。因此在抹灰时必须随时把落地灰收回使用,以免浪费。

3.3 轻钢龙骨石膏板隔墙施工工艺

适用范围

室内非承重隔墙、墙体造型等。轻钢龙骨隔墙形式:单排龙骨单层石膏板隔墙、单排龙骨双层石膏板隔墙、双排龙骨双层石膏板隔墙;后两种用于隔声墙。

3.3.1 施工准备

1. 现场准备

1)现场需拆除的部位拆除清理干净。
2)施工图纸和现场核对无误。

2. 材料准备

1)轻钢龙骨:轻钢 C 形天地龙骨、U 形竖向龙骨、38 横撑龙骨及支撑卡。
2)石膏板:宜用 12mm 普通石膏板;12mm 防潮石膏板。

3. 工具准备

1)电动工具:切割机(图 3-7)、电锤、电批、手动电刨(图 3-8)、曲线锯、电镐(图 3-9)。
2)手动工具:壁纸刀、木工板锯、靠尺、滚筒、鬃刷、龙骨钳。
3)检测工具:2 米靠尺、水平尺、激光旋转水平仪。

图 3-7 切割机　　　　图 3-8 手动电刨　　　　图 3-9 电镐（冲击机）

3.3.2 工艺流程

放线→安装沿顶、沿地龙骨及边龙骨→安装竖向龙骨→安装门洞口框龙骨→安装预埋管线→安装一侧石膏板→填充玻璃丝棉→隐蔽工程验收→安装另一侧石膏板→项目工程验收。

3.3.3 施工工艺

1. 放线

根据设计施工图，在地面、顶面上放出隔墙位置线，门窗洞口边框线。

2. 安装沿梁、沿顶、沿地龙骨及边龙骨

1）按照已经放好的隔墙位置线，安装沿顶龙骨、沿地龙骨和边龙骨，用塑料胀栓螺钉固定与主体墙上，钉间距为不大于600mm（一般控制在400mm为宜）龙骨端头螺钉间距墙体为50mm。

2）分段的龙骨不需要相互固定，但端头要靠在一起，但要遵循龙骨端头处理。

3）隔墙上下端应该直接和结构层相连接，对于吊顶不拆除的或不能和顶棚相接时，顶部需要设置水平支撑。地板部分如遇有地暖不能钻孔时，需要用中性玻璃胶或者泡沫胶粘贴地龙骨在地板上。

3. 安装竖龙骨

1）根据天地龙骨间距裁切竖向龙骨，龙骨沿顶、沿地龙骨腹板净距小5mm。

2）可耐福竖向龙骨可以采用专用配件接长，接长的龙骨接头不得在同一高度，应上下交错安装。

3）按照分档位置（一般为400mm）安装竖龙骨，竖龙骨上下两端插入沿顶、沿地龙骨，调整垂直及定位准确后，用龙骨钳固定，对隔墙转角等特殊部位，应使用附加龙骨，双根竖向龙骨对扣进行安装，龙骨间应以石膏板隔开。

4）双层龙骨施工时，竖向龙骨沿高度方向每1500mm用连接件进行固定。

4. 安装门窗洞口框龙骨

1）门洞口龙骨使用对扣龙骨，并在距150mm处增加一根附加龙骨。

2）门楣龙骨构成，裁一根比洞口宽600mm的天地龙骨，按照洞口将边缘向内剪开45°并弯折扣在门框上并固定，每边大于300mm。

3）沿地龙骨在门框处弯折向上，扣在门框龙骨上，长度不小于300mm。

5. 安装预埋管线

1）水暖工、电工在龙骨安装完毕或者施工当中可进行水路和电路的施工，各种管线施工完毕后要做隐蔽工程验收。

2）水电工施工时，不得破坏竖向龙骨，线盒固定需要增加附加龙骨，附加龙骨固定应牢固。

6. 安装一侧石膏板

1）有门窗洞口的墙体，安装从门窗洞口开始，所有石膏板应正面朝外，接缝不得留在门窗框边，应将石膏板套裁成刀把形安装。

2）无门窗墙体从墙体的一端开始到另一端逐板进行安装，饰面板固定是应从板中间向四周进行固定，不得多点作业，安装时石膏板距离地面应留有10mm的间隙。石膏板和石膏板间楔形边自然拼缝，不用刻意留缝，切割边需要留3~5mm的缝隙。

3）自攻钉与石膏板的板边距离，包封边10~15mm，切割边15~20mm。自攻钉钉距板边150~170mm，板中200~250mm，螺钉与板面垂直。螺钉头宜略拧入石膏板面约0.5mm，但不得破坏石膏板纸面。如有破坏，在距离50mm处另行增加一处固定。

4）石膏板采用25mm螺丝钉进行固定，固定前需要根据固定位置在石膏板面弹出位置线。

5）螺丝钉固定完毕后，螺丝钉帽处需要点防锈漆，防锈漆点的不宜过大，一般覆盖住钉帽即可。

7. 填充玻璃丝棉

1）玻璃丝棉选用50mm厚单面贴锡箔纸，玻璃丝棉应垂直安装在竖龙骨之间，并确保填充玻璃丝棉接缝处与轻钢龙骨之间严密，不得留空隙，锡箔纸的接缝用锡箔纸胶带粘结密封好。

2）双层龙骨双层石膏板隔墙的龙骨应错列排列，玻璃丝棉要填充在两排龙骨之间，锡箔纸的接缝用锡箔纸胶带粘结密封好。

8. 隐蔽验收

轻钢龙骨安装、一侧石膏板安装完毕、玻璃丝棉及锡箔纸安装完毕、水电管线施工完毕并水路打压完毕，后进行隐蔽工程的验收。

3.3.4 施工验收

1. 隔墙项目工程完毕后，进行工程的验收，验收前需要进行自检，检查合格后由项目监理组织进行项目工程验收。

2. 质量验收标准及检验方法

允许偏差及检验方法

项次	项目	质量标准		检查方法
1	隔墙表面	平滑、色泽一致、洁净、无裂缝，接缝应均匀、顺直		观察
2	隔墙上的空洞、槽、盒	位置正确，套割吻合，边缘整齐		观察
3	隔墙的填充材料	干燥，填充密实、均匀，无下坠		手摸、观察
4	立面垂直度	允许偏差（mm）	≤2	立面垂直度检测仪检测
5	表面平整度		≤3	2m靠尺和塞尺检测
6	阴阳角方正		≤2	用直角检测仪检测
7	接缝高低差		≤1	用钢直尺和塞尺检测
8	接缝直线度		≤2	拉通线用钢直尺检查

3. 一般检查项目

项目	检查内容
放隔墙位置线	根据设计施工图，检查在墙、顶、地放的位置线、控制线
安装沿边龙骨	沿边龙骨采用塑料膨胀螺栓固定，钉距400mm，龙骨两端距端头50mm
竖向龙骨安装	竖龙骨上下两端伸入沿边龙骨，龙骨长度小于沿边龙骨间距5mm
安装附加龙骨	门洞口部位距龙骨150mm处加设副龙骨，沿边龙骨弯折300mm抱在门洞龙骨上

3.3.5 施工要点

1. 厨房、卫生间等潮湿环境使用12mm厚防潮纸面石膏板。
2. 高温环境使用12mm厚耐火纸面石膏板。
3. 门洞口等特殊节点处应附加龙骨并进行加固处理。
4. 所有墙体均为单面单层纸面石膏板。

3.4 墙面石膏板找平施工工艺

适用范围
墙体偏差较大的墙体，局部超差 15mm 以上找平找方。

3.4.1 施工准备

1. 现场准备

1）施工墙面原有装饰层铲除，铲除至原结构层。
2）灰尘、油污等清理干净，空鼓、开裂的要剔除，光滑表面需要拉毛处理。

2. 材料准备

1）普通石膏板：9～12mm 普通石膏板；9～12mm 防潮石膏板。
2）高强度粘结石膏或者快粘粉；固定用塑料胀塞 $\phi 8 \times 60$。

3.4.2 工艺流程

放线→墙面处理→预埋管线处理→搅拌粘结石膏→粘贴粘结石膏膏饼→安装石膏板→加固固定→接缝处理→分项验收。

3.4.3 施工工艺

1. 放线

1）根据墙面情况，对墙面作垂直校准，确定找平基准线，放出控制线。
2）在墙面标出垂直基准线以确定粘接点位置，粘贴点间距根据石膏板规格确定。在地板和天花板上标出基准线以确定贴面墙的位置。

2. 墙面处理

墙面清理干净，空鼓、开裂部分需要剔除，偏差较大的坑洞需要事先使用水泥砂浆补平，较小的偏差可不处理。

3. 预埋管线处理

1）小于石膏板后空腔的线管可直接布置在墙体表面，影响空腔厚度的需要在墙体上剔出凹槽，将管线布置在凹槽里，所有管线均应固定牢固。
2）根据控制线调整预埋线盒的位置，预埋线盒需要牢固固定。

4. 搅拌粘结石膏

粘结石膏按包装说明的要求加入定量清水中，搅拌均匀，静置 5 分钟后再稍加搅拌即可使用，膏浆必须在拌成后规定时间内使用完，超过上述时间的不得使用，严禁加水再次拌合后使用。

5. 粘贴粘结石膏膏饼

1）粘结石膏膏饼按照墙体上基准线用抹子将膏饼布置在墙面上，膏饼长250mm×50mm，厚度根据空腔间距确定，每次布置膏饼面积以粘结一块石膏板为宜。

2）在墙体交接处、石膏板边、穿墙管道、预埋线盒四周、开洞四周等部位需要连续布置。

6. 安装石膏板

1）在石膏膏饼初凝前，将裁剪好的石膏板立起，贴至墙面并用力压紧，然后用2m杠尺对石膏板进行垂直的校正，紧压板面使石膏板板面垂直。

2）石膏板下部需要垫起10mm高度，使石膏板底边不接触地面。

7. 加固固定

石膏板上部需要加设塑料膨胀螺栓进行加固固定。固定位置为上端两个边角距板边50mm。钻孔加固不得在粘结石膏初凝后进行。

8. 接缝处理

待粘结石膏终凝后即可进行接缝处理，使墙面形成整体。接缝处理见石膏板面处理施工工艺。

4 墙体饰面工程

4.1 饰面砖施工工艺

适用范围

适用于玻璃马赛克、陶瓷马赛克、釉面砖、瓷质砖等室内墙面的铺贴。

4.1.1 施工准备

1. 现场准备

1）有设计师或客户签认的详细的排砖图，包括留缝尺寸、破砖位置、墙、地砖相对位置等。

2）预埋的各种管线到位，并经过隐蔽验收，穿过墙体、地面的管道安装完毕，根部处理平整，预留孔洞填堵密实。

3）墙面找平方经过验收，厨房防潮、卫生间防水满刷并经过专项验收。

4）主要材料进场并经过验收，墙砖等进场并进行选砖。

2. 材料准备

1）水泥、砂子及专业瓷砖粘结剂。

2）专业防霉填缝剂、中性硅酮密封胶、美纹纸胶带。

3. 工具准备

1）电动工具：角磨机、云石机、电动搅拌器。

2）手动工具：铝合金靠尺、锯齿镘刀、笤帚、白线、墨斗、玻璃胶枪、滚刷、勾缝刮板、拌料桶、灰槽、水桶。

3）检测工具：手动瓷砖切割机、2米靠尺、直角检测尺、水平尺、水平管、激光旋转水平仪。

4.1.2 施工流程

基层处理→放线、预排砖→选砖→瓷砖浸泡→水泥、砂子或瓷砖粘结剂制备→贴砖→养护→勾缝→清理。

4.1.3 施工工艺（图4-1~图4-6）

1. 基层处理

对基层进行彻底清扫，不得有浮尘、灰膏、油脂、水泥胶、明水等，并随时注意保持基面清洁卫生，有轻微坑洞的地方可用水泥砂浆或瓷砖粘结剂补平。

2. 放线、预排砖

1）按详细的排砖图纸在墙面放线，使用墨斗弹出纵横控制线。
2）放线参照排砖基本原则进行墙面预排。

3. 选砖

提前做好选砖的工作，预先用木条钉方框（按砖的标准规格尺寸）模子，将瓷砖拆包后块块进行套选、长、宽偏差不得超过 ±1mm。平整度检查不得超过 ±0.5mm。外观有裂缝、缺棱掉角和表面上有缺陷的砖剔除不用，并按花型、颜色挑选后分别堆放，要求按照设计要求施工。

4. 瓷砖浸泡以及水泥砂浆铺贴

图 4-1　瓷砖开箱外观检查

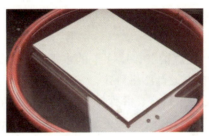
图 4-2　陶瓷砖浸泡

图 4-3　瓷砖阴干备用

图 4-4　瓷砖 45°碰角工艺

图 4-5　阳角条护角

图 4-6　用瓷砖开孔器

5. 瓷砖粘结剂制备（图 4-7、图 4-8）

1）先将搅拌桶内倒入适量清水，清水按照粘结剂产品包装使用说明确定用量。再将粘接剂倒入搅拌桶的清洁水中，边倒干粉料边用搅拌器进行搅拌。

2）搅拌时搅拌器要上下移动，并适当倾斜，使清水与粉料充分拌合，拌合均匀后，静置约 5 分钟，然后再搅拌半分钟即可使用。搅拌好的粘结剂应在 2 小时内用完，过时未用完的材料必须舍弃，不得添加清水再加搅拌。

6. 薄贴法贴砖（图 4-9）

1）先将粘结剂用齿形抹子摊平到基面上，使之均匀分布，然后用抹子齿将粘结剂梳开，摊平时应注意粘结剂的开放时间，一般约为 20 分钟，每次约涂抹 $1m^2$ 左右。基面的吸水能力、气温、穿堂风及通风条件等因素都会对凝结时间产生很大影响，摊平面积的大小要控制在开放时间内贴砖完毕。

2）将瓷砖压到粘结剂面上并用力按压，以使其底面粘上足够的粘结剂。瓷砖的位置在 20 分钟左右的时间内（视基面的吸水能力而定）可以调整。在此时间内还可调整瓷砖面和瓷砖缝，并将瓷砖轻轻敲击，以保证基层满粘。

3）因为瓷砖本身会有轻微的挠曲，为确保瓷砖与粘结剂充分粘结，可先抽取几块瓷砖试贴一下，即将瓷砖贴到刚摊好的粘结剂面上，然后取下观看背面，如其背面全部被粘结剂覆盖即为合格。并据此估计出粘接剂的正确使用量、齿形抹子的齿深及合理使用方法。

4）铺瓷砖的同时要注意留缝，墙面上的水平、垂直缝宽度可用"十"字塑料胶粒控制，留缝宽度根据设计图纸确定。

5）瓷砖粘贴时需要四角对齐，并保证大面积平整，在地面砖与墙面接缝处，应留下 2mm 缝隙；墙砖与墙砖阴角接缝处，应留下 2mm 缝隙。阳角接缝采用 45° 拼接，瓷砖需要事先进行倒角，如有特殊需求按设计图纸施工。

图 4-7 墙面平整度 3mm 以下　　图 4-8 薄灰口抹瓷砖粘接剂　　图 4-9 薄贴法铺贴瓷砖

7. 水泥砂浆铺贴

墙面铺贴为湿作业施工、厨卫地面湿铺。厅房地面铺贴施工为干铺法。

1）水泥砂浆配比为 1：3。
2）瓷砖泡水不得低于 2 小时。
3）墙面基底充分湿润，涂刷界面剂。
4）光面基底需采用拉毛工艺处理。
5）原房结构误差较大时需做找平找方处理。
6）老旧房原墙为砂灰墙的必须铲除到底并用水泥砂浆重新粉墙。

8. 养护

1）墙面砖需要自然养护 2 天，养护时间到后方可进行其他施工。

2）粘结剂一般 7 天后，墙面砖的阳角需要用 1500mm 高的护角进行保护。

9. 勾缝

1）填缝一般可在铺瓷砖 3 天后进行，但最好是在其他施工完毕后，成品安装未进行前进行。

2）填缝剂加水比例约为填缝剂：水 = 3：1，即一袋 25kg 的粘结剂需要添加 6.75 ~ 7.5 升的清洁水。

3）将粉剂倒入装有适量清洁水的搅拌容器中，用电动搅拌器进行搅拌，搅拌均匀后静置 5 分钟使粉剂充分吸收水分，再进行一次搅拌并检查填缝剂的黏稠度是否合适。搅拌好的填缝剂的开放时间为在桶中 1.5 小时。

4）清理砖缝，瓷砖缝应该干净，而且缝深不能低于砖厚度的 50%，低于的需要将内部清理至要求缝深。

5）用橡胶抹子涂抹填缝剂在瓷砖上进行填缝，抹子经过砖缝时要斜着抹，并用力使填缝剂挤入砖缝直至填满。涂抹方向要与砖缝成 45°夹角。瓷砖表面上多余的填缝剂用抹布擦拭干净。

6）根据现场温度和湿度的具体情况，让瓷砖缝干燥 20 ~ 30 分钟，然后用湿的塑料泡沫擦洗干净，因为在砖缝干燥的过程中水能改变砖缝的颜色。当瓷砖表面的水分蒸发完后，用干抹布或棉纱头将瓷砖面和砖缝再最后抹一遍。

10. 清理

填缝剂的干固时间为 24 小时，并可以用棉布加清水清理瓷砖表面，保证无杂物以及污染物。

11. 打胶

1）主材成品安装完成后，瓷砖表面清理干净，将墙砖接缝、墙面阴角处，使用密封胶进行缝隙的密封，其位置应与结构上的墙角、基底上的伸缩缝和不同材料的接缝处保持一致。

2）需要的密封胶宽度在密封缝隙两侧各粘贴一条美纹纸胶带，缝隙大小控制在 3mm 左右，缝隙处打中性密封胶（颜色根据设计要求确定），再使用专业的刮板将密封胶刮均匀并填实，稍待片刻后将纸胶带撕下即可。

4.1.4 施工检查验收

1. 饰面砖的品种、规格、级别、颜色、图案必须符合设计要求。

检验方法：检查瓷砖外观。其他可检查产品合格证以及进场检验记录、性能检测报告。

2. 饰面砖粘贴用水泥基粘结剂及勾缝材料必须符合设计及国家规范要求。

检验方法：可检查材料合格证、性能检测报告、复试报告。

3.饰面砖粘贴必须牢固，无空鼓、无裂缝、不得有歪斜、缺棱掉角等缺陷。饰面砖工程表面应表面平整、洁净、色泽协调一致。

检验方法：观察，用小锤敲击检查。

4.饰面砖在门边、窗边、阳角边宜用整砖，非整砖宜安排在不明显处且不宜小于二分之一整砖。

检验方法：观察。

5.墙面突出物周围的饰面砖应采用整砖套割吻合，尺寸正确，边缘整齐。墙裙、贴脸等上口平直，突出墙面厚度应一致。

检验方法：观察、尺量检查。

6.饰面砖接缝应平直．光滑、宽窄一致、纵横交缝处无明显错台错位，填嵌应连续、密实宽度、深度、颜色应符合设计要求。

检验方法观察，尺量检查。

7.饰面砖粘贴的允许偏差和检验方法应符合下表的规定。

墙饰面砖粘贴的允许偏差和检验方法

项次	项目	允许偏差（mm）					检验方法
		饰面砖		石材			
		内墙砖	外墙砖	光面	剁斧面	蘑菇石	
1	立面垂直度	2	2	2	3	3	用2m垂直检测尺检查
2	表面平整度	2	2	1.5	3	—	用2m靠尺和塞尺检查
3	阴阳角方正	2	3	2	4	4	用直角尺检查
4	接缝高低差	0.5	0.5	0.5	3	—	用钢直尺和塞尺检查
5	接缝宽度	0.5	1	0.5	2	2	用钢直尺检查

8.打玻璃胶的允许偏差和检验方法应符合下表规定。

打玻璃胶的允许偏差和检验方法

项次	项目	质量要求	检验方法
1	打胶宽度	均匀	目测
2	打胶表面	光滑	目测
3	打胶颜色	符合设计要求	目测

4.1.5 施工要点

1. 粘贴墙砖前，仔细审看排砖图纸，特别是墙砖与地砖需要上下通缝的地方，以及不同材质不同尺寸接缝处，要格外注意。

2. 板块表面不洁净：主要是做完面层之后，成品保护不够。油漆桶放在地砖上、在地砖上拌合砂浆、刷浆时不覆盖等，都造成面层被污染。

4.1.6 排砖、放线原则附加说明

1. 当墙砖和地砖的规格一样的时候，排砖时地砖的缝隙要根据墙砖的缝隙来确定。在其他的房间也要铺同等规格的瓷砖，就要在此基础上让瓷砖的中缝线通过门口继续延伸。在不能完全对缝的情况下，正对门口的主墙要与地砖对缝。

2. 在可以直接看到的墙面上尽可能的用完整的砖。如果墙面上一定要有一个狭长的边。墙面最好对称的铺砖。在墙面的中间确定一条竖直的缝，这条中轴线可以是一条竖直的中缝，也可以在瓷砖的中间，然后向右向左进行铺装。如果墙脚上边缘瓷砖的宽度超过半块瓷砖的宽度，那么这样的墙面划分就是最佳方案，如果小于半块砖，那么加上相邻的一块砖进行均分破砖。

3. 管道处墙面处理，由此产生阳角和阴角，一般情况下阳角要铺整块瓷砖，沿着从阳角到阴角的方向铺砖，半块的砖铺在阴角。阴角处出现小于半砖或150mm时，墙面最好对称铺装，即边缘瓷砖的宽度均超过半砖或150mm。

4. 夹间的外面和突出的部分要用整块瓷砖铺装，或者把半块的砖铺在边缘的左右两侧。在整面墙的铺装中，对称是非常重要的，而且边上的瓷砖也要左右对称。要同时照顾到多个卫浴设施，就要在最关键的位置或者墙面的中间画出对称的瓷砖铺装图。理想的做法是在瓷砖面上预留与其他卫浴设施的连接处的空白，这样才可以达到重新的对称。在安装洗漱池的时候，还可以利用虹吸式存水湾和连接处的配件做细微的平衡处理。

注意：以上为排砖放线的基本原则做参考用，实际施工中应遵循设计单位和甲方意见进行调整。

4.2 涂饰工程施工工艺

4.2.1 石膏板板面接缝、点漆施工

用于轻钢龙骨隔墙、墙体纸面石膏板找平、吊顶等石膏板板面的接缝等处理。

1. 施工准备

（1）现场准备

石膏板安装完毕，经检验符合设计及规范要求。

（2）材料准备

1）底层嵌缝石膏、接缝纸带、白乳胶。

2）各类环保防锈漆。

（3）工具准备

1）搅拌机具：塑料桶、电动搅拌器。

2）不锈钢抹子、高碳钢刮刀、壁纸刀、托灰板、砂纸、砂纸打磨架。

2. 工艺流程

板面清理→螺钉帽点防锈漆→板面处理→拌制嵌缝石膏→螺钉部位处理→楔形板边接缝处理→裁切板边和板端接缝处理→阴阳角接缝处理→打磨→下道工序（整体批刮腻子）。

3. 施工工艺

（1）板面清理

接缝处理前清理石膏板板面，确保表面清洁无尘土，无凸出物。

（2）螺钉帽点防锈漆

在每一个螺丝钉钉帽上点上防锈漆，不得漏点或点刷不完全，不得大面积污染板面。

（3）拌制嵌缝石膏

1）容器和搅拌器在使用前务必保持清洁，否则残余的嵌缝石膏或其他材料会影响嵌缝石膏的性能。嵌缝石膏应倒入已加水的容器中进行均匀搅拌。静置2分钟后再次搅拌，使其达到可用的稠度。每公斤嵌缝石膏大约需要0.6升清水。

2）电动搅拌器应注意不能过度搅拌，以免影响嵌缝石膏的使用效果。拌制好的嵌缝石膏要在40min内使用完毕。

（4）螺钉部位处理

1）对每个螺钉顶部，用刮刀刮取嵌缝石膏适量，斜向45°刮入钉帽部位，每个钉帽刮两道，交叉进行。

2）板面上及边缘所有钉帽处都必须用添缝料填满，并与板面平齐。

（5）楔形板边接缝处理

1）楔形板边自然拼接，不必刻意留缝。先用刮刀将嵌缝石膏嵌入在板边倒角形成的凹陷处，石膏应压实，并填满与板之间的任何间隙。

2）将纸带浸泡在清水中，待完全湿透待用。

3）将浸泡好的纸带内侧满涂白乳胶，白乳胶涂刷要均匀、彻底，然后粘贴在接缝处，用刷子反复刷纸带表面把纸带内的气泡赶出，使纸带牢固粘贴在石膏板缝隙处。

（6）裁切板边和板端接缝处理

首先用壁纸刀开2~3mmV字形缝，轻轻用砂纸打磨，去除板边多余毛刺。

用刮刀将嵌缝石膏嵌入板缝处，嵌缝石膏应压实，并填满板与板之间的任何缝隙，宽度为100～120mm。

（7）阴阳角接缝处理

首先用砂纸对阴阳角进行打磨，去除阴阳角处板边多余毛刺。用抹子将嵌缝石膏批刮在阴阳角处，每边宽度为沿转角线向外扩展约100mm，切割至所需长度纸带，并沿纸带中线折叠成90°角。内侧涂刷均匀满涂白乳胶，然后将纸带贴在阴阳角上，用刷子反复刷平，赶出内部气泡，使纸带牢固粘贴在阴阳交处。

（8）打磨

当最后一道接缝处理和螺钉处完全干燥后，可用砂纸固定于砂纸架上对接缝处进行打磨。打磨的目的是去除填缝料的凸出不平处和填缝料渣，注意砂纸不要将石膏板面打毛。

（9）下道工序（批刮腻子）

石膏板接缝处理完毕，检验合格后即可进行批刮腻子的工序。

4. 质量验收标准

（1）嵌缝石膏与石膏板粘结牢固。

（2）接缝处、顶帽处无气泡，接缝平整、牢固。

4.2.2 墙、顶面披挂腻子及涂刷内墙涂料施工

1. 施工准备

（1）现场准备

1）水电工、瓦工施工完毕、检查合格。

2）墙、顶面找平方施工完毕，并经过验收且基层干燥。

（2）材料准备

1）耐水腻子粉、干粉腻子、乳胶漆。

2）砂纸、美纹纸、报纸。

（3）工具准备

1）电动工具：电动搅拌机、气泵、喷枪。

2）手动工具：壁纸刀、砂纸打磨架、滚刷、羊毛刷。

3）检测工具：40W日光灯、2m靠尺、塞尺等。

（4）选择乳胶漆涂装工具

1）毛刷：多采用质地较软的羊毛刷和合成纤维毛刷进行施工。可根据需要选用不同规格尺寸的毛刷，高品质毛刷具有以下特点：刷毛尾部分叉良好；尖端柔韧性好；刷毛有层次（四周短、中间长），刷毛不易脱落。

2）滚筒（辊筒）：多采用合成纤维制作的中毛滚筒（毛长10mm左右）施工，能吸附较多的涂料，有合适的施工速度和平整度；长毛滚筒（毛长16mm左右）

吸料多，涂层厚，漆面较为粗糙而很少使用，多用于涂刷粗糙的表面；短毛滚筒（毛长4~7mm左右）多用于涂刷较为平滑的表面。

3）喷涂：分空气喷涂和高压无气喷涂，适用于大面积及表面，客户有要求用喷涂设备施工项目。

2. 工艺流程

基层清理→批刮三遍腻子、打磨→第一次灯光验收→涂刷第一遍底漆→第二次灯光验收→涂刷第二遍底漆→涂刷面漆→验收。

3. 施工工艺（图4-10~图4-12）

（1）基层处理

1）基层清理

先将装修表面上的灰块、浮渣等杂物用开刀铲除，清扫干净基层，不得有浮尘、杂物、明水等，随时注意保持基面清洁卫生。

2）轻钢龙骨石膏板吊顶，石膏板隔墙螺钉部位处理

在每一个螺丝钉钉帽上点上防锈漆，不得漏点或点刷不完全，不得大面积污染板面。且板面上及边缘所有钉帽处都必须用添缝料填满，并与板面平齐。

3）楔形板边接缝处理

楔形板边自然拼接，不必刻意留缝。先用刮刀将嵌缝石膏嵌入在板边倒角形成的凹陷处，石膏应压实，并填满与板之间的任何间隙。将纸带浸泡在清水中，待完全湿透待用。将浸泡好的纸带内侧满涂白乳胶，白乳胶涂刷要均匀、彻底，然后粘贴在接缝处，用刷子反复刷纸带表面把纸带内的气泡赶出，使纸带牢固粘贴在石膏板缝隙处。

4）裁切板边和板端接缝处理

首先用壁纸刀开2~3mmV字形缝，轻轻用砂纸打磨，去除板边多余毛刺。用刮刀将嵌缝石膏嵌入板缝处，嵌缝石膏应压实，并填满板与板之间的任何缝隙，宽度为100~120mm。

5）阴阳角接缝处理

首先用砂纸对阴阳角进行打磨，去除阴阳角处板边多余毛刺。用抹子将嵌缝石膏批刮在阴阳角处。每边宽度为沿转角线向外扩展约100mm，切割至所需长度纸带，并沿纸带中线折叠成90°角。内侧涂刷均匀满涂白乳胶，然后将纸带贴在阴阳角上，用刷子反复刷平，赶出内部气泡，使纸带牢固粘贴在阴阳角处。

6）打磨

当最后一道接缝处理和螺钉处完全干燥后，可用砂纸固定于砂纸架上对接缝处进行打磨。打磨的目的是去除填缝料的凸出不平处和填缝料渣，注意砂纸不要将石膏板面打毛。

（2）批刮三遍腻子、打磨

1）刮腻子遍数由墙面平整度决定，一般为三遍。用刮板横向满刮，每刮板接头不得留槎，最后收头要干净利落。将浮腻子及斑迹磨光后擦拭干净。找补阴阳角及坑凹处，修阴阳角，干燥后磨光并擦拭干净。再用钢片刮板满刮腻子，将墙面刮平刮光。

2）干燥后用细砂纸进行腻子的整体打磨，打磨时使用专用手把灯配合，整个腻子面要打磨平整光滑，阴阳角垂直一致。

（3）第一次灯光验收

1）底漆涂刷前，采用40瓦日光灯放置在设计光源位置，观察腻子找平层平整度，以表面反光均匀无凹凸为通过。

2）大面积墙体使用2m靠尺及塞尺检查平整度，合格后方可进行抗碱底漆的施工。

（4）涂刷第一遍底漆

涂刷前腻子找平层的基面的含水率应小于10%。在基面上均匀地滚涂、刷涂一层抗碱封闭底漆，进行封底处理，大面积可用滚涂，边角处用毛刷小心刷涂，到完全无渗色为止。

（5）第二次灯光验收

第一遍封底漆涂刷后，采用40瓦日光灯放置在设计光源位置，观察找平层平整度，以表面反光均匀无凹凸为通过。未通过验收处应打磨或补腻子后，补刷底漆。

（6）涂刷第二遍底漆

局部找补后，即可涂刷第二遍底漆大面积可用滚涂，边角处用毛刷小心刷涂，到完全无渗色为止。

（7）涂刷面漆

1）滚涂：滚涂是一种非常常见的施工方法，工效较快，但涂层质量有限。蘸料前应将滚筒润湿一下再蘸料，然后在匀料板上来回滚动几下，使之含料均匀，滚涂时按自下而上、再自上而下按"w"形将涂料在基面上展开，然后坚向依直涂抹。每次滚涂的宽度大约是滚筒长度的四倍。使用滚筒的三分之一重叠，以免滚筒交接处形成明显的痕迹。滚涂时速度不宜过快，以免涂料飞溅和涂层不均匀。

2）涂刷面漆选用优质短毛滚子，边角处用小滚子小心滚涂，顺序是先刷顶板后刷墙面。乳胶漆使用前应搅拌均匀，可适当加水稀释，防止头一遍漆刷不开，干燥后复补腻子。再干燥后磨光扫净．阴角处用6cm小滚滚涂，达到颜色一致。

3）同第一遍，漆膜干燥后将墙面小疙瘩或排笔毛打磨掉，磨光滑后清扫干净。滚涂时先打匀，再朝一个方向轻轻用滚子轻压收光以达到相同折光率。

4）如果在同一墙面上有两种以上的颜色搭配，两颜色分界处应界线分明，无杂色、染色现象。

5）应避免出现干燥后刷纹、接头、疙瘩、砂眼等，分色界线平直。

6）高压无气喷涂：涂层质量最好一种施工方式，但施工黏度的控制很重要，黏度过高。涂层会形成桔皮，过低会流挂，喷嘴和基面一般相距约30cm。

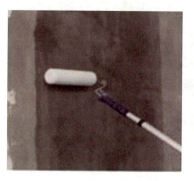
图 4-10　墙面涂刷界面剂

图 4-11　粘贴顶角线

图 4-12　吊顶板缝防裂处理

4. 施工验收（图 4-13～图 4-15）

涂饰完毕后即可进行分项验收，填写好验收表格。

质量验收标准

项次	项目	质量标准	检验方法
1	泛碱、咬色	不允许	观察检查
2	流坠、疙瘩	无	观察、手摸检查
3	颜色	均匀一致	观察检查
4	反光	均匀一致	白色日光灯照射，观察检查
5	砂眼、刷纹	无	观察检查
6	装饰线分色线平直	偏差不大于1mm	拉通线钢直尺检查
7	边框、灯具等	无污染	观察检查

5. 施工要点

（1）乳胶漆施工时严禁进行油漆或水性木器漆的施工，并且施工间隔时间3天以上。

（2）施工环境的温度应在5℃以上，相对湿度应在85%以下，避免多雨时节施工，施工期间下雨应遮挡；墙体基面的含水率应小于10%，碱性程度pH值<10。

图 4-13 腻子阴角周正找直　　图 4-14 墙面腻子第二打磨　　图 4-15 检查墙面垂直度

（3）乳胶漆施工时涂料太稠、涂装工具不合适、环境温度高、底材吸水快会造成乳胶漆刷痕重。根据现场情况，涂刷时应适当加大稀释比例、换用软的毛刷及短毛滚筒或调节环境条件，使其符合施工要求。

（4）乳胶漆施工时基面粗糙不平、稀释过度、喷涂压力太高、墙面碱性太强会造成涂层局部失光。

（5）乳胶漆施工时施工温度低、过度稀释会造成漆层产生粉化。

4.2.3　艺术涂料施工工艺

艺术涂料包括灰泥砂浆类产品，施工的工艺要求，对于基层处理与乳胶漆相同，对于最终效果的呈现，则根据各类效果样板及材料生产厂家的说明，利用不同的工具与手法，来完成与效果样板相同相似的效果。

1. 工艺流程

基层清理→批刮三遍腻子、打磨→第一次灯光验收→涂刷第一遍底漆→第二次灯光验收→涂刷第二遍底漆→涂刷效果面漆→验收。

2. 施工工艺

（1）基层处理

1）基层清理

先将装修表面上的灰块，浮渣等杂物用开刀铲除，清扫干净基层，不得有浮尘、杂物、明水等，随时注意保持基面清洁卫生。

2）轻钢龙骨石膏板吊顶，石膏板隔墙螺钉部位处理

在每一个螺丝钉钉帽上点上防锈漆，不得漏点或点刷不完全，不得大面积污染板面，且板面上及边缘所有钉帽处都必须用添缝料填满，并与板面平齐。

3）楔形板边接缝处理

楔形板边自然拼接，不必刻意留缝。先用刮刀将嵌缝石膏嵌入在板边倒角形成的凹陷处，石膏应压实，并填满与板之间的任何间隙。将纸带浸泡在清水中，待完全湿透待用。将浸泡好的纸带内侧满涂白乳胶，白乳胶涂刷要均匀、彻底，然后粘贴在接缝处，用刷子反复刷纸带表面把纸带内的气泡赶出，使纸带牢固粘贴在石膏板缝隙处。

4）裁切板边和板端接缝处理

首先用壁纸刀开 2~3mm V 字形缝，轻轻用砂纸打磨，去除板边多余毛刺。用刮刀将嵌缝石膏嵌入板缝处，嵌缝石膏应压实，并填满板与板之间的任何缝隙，宽度为 100~120mm。

5）阴阳角接缝处理

首先用砂纸对阴阳角进行打磨，去除阴阳角处板边多余毛刺。用抹子将嵌缝石膏批刮在阴阳角处，每边宽度为沿转角线向外扩展约 100mm，切割至所需长度纸带，并沿纸带中线折叠成 90° 角。内侧涂刷均匀满涂白乳胶，然后将纸带贴在阴阳角上，用刷子反复刷平，赶出内部气泡，使纸带牢固粘贴在阴阳交处。

6）打磨

当最后一道接缝处理和螺钉处完全干燥后，可用砂纸固定于砂纸架上对接缝处进行打磨。打磨的目的是去除填缝料的凸出不平处和填缝料渣，注意砂纸不要将石膏板面打毛。

（2）批刮三遍腻子、打磨

1）刮腻子遍数由墙面平整度决定，一般为三遍。用刮板横向满刮，每刮板接头不得留槎，最后收头要干净利落。将浮腻子及斑迹磨光后擦拭干净。找补阴阳角及坑凹处，修阴阳角，干燥后磨光并擦拭干净。再用钢片刮板满刮腻子，将墙面刮平刮光。

2）干燥后用细砂纸进行腻子的整体打磨，打磨时使用专用手把灯配合，整个腻子面要打磨平整光滑，阴阳角垂直一致。

（3）第一次灯光验收

1）底漆涂刷前，采用 40 瓦日光灯放置在设计光源位置，观察腻子找平层平整度，以表面反光均匀无凹凸为通过。

2）大面积墙体使用 2m 靠尺及塞尺检查平整度，合格后方可进行抗碱底漆的施工。

（4）涂刷第一遍底漆

涂刷前腻子找平层的基面的含水率应小于 10%。在基面上均匀地滚涂、刷涂一层抗碱封闭底漆，进行封底处理，大面积可用滚涂，边角处用毛刷小心刷涂，到完全无渗色为止。

（5）第二次灯光验收

第一遍封底漆涂刷后，采用40瓦日光灯放置在设计光源位置，观察找平层平整度，以表面反光均匀无凹凸为通过。未通过验收处应打磨或补腻子后，补刷底漆。

（6）涂刷第二遍底漆

局部找补后，即可涂刷第二遍底漆大面积可用滚涂，边角处用毛刷小心刷涂，更到完全无渗色为止。

（7）施作效果面漆

3. 施工验收

涂饰完毕后即可进行分项验收，填写好验收表格。

质量验收标准

项次	项目	质量标准	检验方法
1	泛碱、咬色	不允许	观察检查
2	流坠、疙瘩	无	观察、手摸检查
3	颜色	均匀一致	观察检查
4	反光	均匀一致	白色日光灯照射，观察检查
5	砂眼、刷纹	无	观察检查
6	装饰线分色线平直	偏差不大于1mm	拉通线钢直尺检查
7	边框、灯具等	无污染	观察检查
8	与效果样板的相似度	百分之九十相似	观察检查

4. 施工要点

（1）艺术涂料或者灰泥砂浆施工时严禁进行油漆或水性木器漆的施工，并且施工间隔时间3天以上。

（2）施工环境的温度应在5℃以上，相对湿度应在85%以下，避免多雨时节施工，施工期间下雨应遮挡；墙体基面的含水率应小于10%，碱性程度pH值<10。

（3）艺术涂料或者灰泥砂浆施工时涂料太稠太稀、涂装工具不合适、环境温度高、底材吸水快会造成艺术涂料或者灰泥砂浆的瑕疵。根据现场情况，涂刷时应适当掌握稀释比例、使其符合施工要求。

（4）艺术涂料施工时基面粗糙不平、稀释过度、喷涂压力太高、墙面碱性太强会造成涂层局部失光。

（5）艺术涂料施工时施工温度低、过度稀释同样会造成漆层产生粉化。

4.3 打胶工程施工工艺

适用范围

适用于室内厨房、卫生间瓷砖；玻璃、卫生洁具、门窗套线、踢脚板、壁纸边缘等两种不同材料相交，需要密封的位置。

4.3.1 施工准备

1. 现场准备

1）所有施工完毕，第一遍保洁完成。
2）所有成品主材安装完毕，室内清洁干净。

2. 材料准备

1）中性密封胶（玻璃胶）、酸性密封胶（玻璃胶）。
2）美纹纸、报纸、不掉毛的干净毛巾。

3. 工具准备

胶枪、油灰刀、白毛巾、壁纸刀、直尺、清洁剂。

4.3.2 工艺流程

清理→贴美纹纸→胶嘴处理→打胶→清理、验收。

4.3.3 施工工艺

1. 清理

1）清理需要打胶的部位，瓷砖表面用油灰刀将瓷砖缝内的粘接剂清除，用鬃刷清扫干净。如果不清理干净，打胶后密封胶粘结不牢固、容易脱离，对不容易清理的污渍，需要使用清洁剂进行清理，用毛巾擦干净、保证接触面干燥。

2）清洁基材表面采用"双布擦拭"法进行，用溶剂浸润过的干净布擦拭基材表面，稍停片刻，溶剂未挥发之前用第二块干燥面洁净的布块把基材表面上溶剂擦去，两次擦拭顺一个方向进行。

3）每次只清理1小时内完成粘结密封的施工范围，不可将已清洁完成的部位表面暴露在空气中时间过长。

2. 贴美纹纸

1）打胶部位表面清理完成后，将地砖与墙砖接缝处，墙面阴角处，不同材料交界处，其位置应与结构上的墙角，基底上的伸缩缝和不同材料的接缝处等位置，粘贴美纹纸胶带，美纹纸胶带贴在缝隙两侧，胶带间的缝隙大小控制在3mm左右或根据视觉美观确定具体宽度(此宽度就是打胶后的密封胶宽度)。

2）对于壁纸与踢脚板、套线等处在壁纸上粘贴美纹纸时，需要选择胶粘性较小的胶带，以防止将胶带背胶污染到壁纸上。熟练工人可以不粘贴纸胶带。

3. 胶嘴处理

1）根据需打密封胶（玻璃胶）的缝隙大小切割胶嘴，胶嘴用壁纸刀切割成45°角，切口光滑、圆润。

2）根据操作工人的操作习惯切割角度可适当调整。

4. 打胶

1）玻璃胶的颜色应与交接的材料相协调，设计有指定或客户有要求时按设计要求确定。

2）对于较大的缝隙应从竖缝的底部开始向上小心打胶，向枪嘴的前方推胶，保证整个空腔都注满胶，对于较小的缝隙也可从上往下打。边部不允许有气泡，注胶时枪嘴应均匀连续适度移动，确保接口内充满密封胶，防止移动过快或往复而产生气泡或断点。

3）缝隙处打完玻璃胶，再使用专业的刮板将玻璃胶刮板沿着刚才打胶方向与胶呈45°角刮过，用力要均匀，保证胶面平整美观，并保证密封胶被粘表面的充分接触，对于熟练的打胶工可不用刮板再进行修整。

4）使用刮板尽量一次成活，不允许反复刮抹，技术好的工人可以不使用刮板，个别刮板无法使用的部位，可以自制临时刮板。

5）密封胶的整形工作完成后，要立即揭去美纹纸。揭纸时注意不要碰到未干的玻璃胶。较大的填缝可待玻璃胶凝固后用壁纸刀边切割边揭纸。

5. 清理

打完胶后清理工作面，不小心蹭到胶的部位仔细清理干净，在胶未凝固前不得磕碰。凝固后进行检查验收，对有毛边的用壁纸刀修理一下即可。

4.3.4 施工验收

密封胶（玻璃胶）质量验收要求

项次	项目	允许偏差（m）	检验方法
1	表面	饱满、均匀一致，外观平整光滑	目测、尺量检查
2	阴阳角接缝宽度	宽度一致，控制在3mm	目测、尺量检查

4.4 木装饰墙、梁施工工艺

适用范围

适用于木装饰墙、木装饰梁等的现场制作与安装工程，批量装修应采用工厂化制作现场安装。

4.4.1 施工准备

1. 现场准备

1）先检查预留洞口的尺寸是否符合设计要求及前道工序质量是否满足安装要求。预埋件是否牢固可靠，并应在顶棚、墙面及地面抹灰工程完工后进行。

2）施工图纸和现场核对无误。

2. 材料准备

1）OSB欧松板、澳松板（3mm、9mm、12mm）、饰面板（3mm）、各种木线等。

2）白乳胶、防火涂料、防腐涂料、界面接着底涂剂。

3. 工具准备

1）电动工具：空气压缩机、电锤、电批、木工电圆锯、曲线锯、修边机、开孔器、角度切割机、汽钉枪。

2）手动工具：壁纸刀、木工板锯、靠尺、滚筒、鬃刷。

3）检测工具：靠尺、线坠、直角尺、水平尺、水平管、激光旋转水平仪。

4.4.2 施工流程

基层处理→放线定位→固定基层板→固定装饰造型板→粘贴、固定装饰面板→安装造型线条→验收→水性漆涂饰。

4.4.3 施工工艺

1. 基层处理

1）对施工部位的原有墙体进行清理，检测墙体平整度、垂直度，对垂直度偏差过大的必须进行墙面找平处理。

2）保证墙面干燥，施工前涂刷界面接着底涂剂，底剂使用清水按照1:3比例稀释，均匀涂布在基础墙面上。底涂剂的作用是封闭基层，使水汽等有害气体溢出。

2. 放线定位

1）根据图纸进行放线定位，在墙面弹出各个造型的位置线，弹出与墙体固定的锚固位置点，锚固位置要综合考虑基层板的尺寸，板边在距板边100mm处，板中不得大于500mm，进行均分。

2）在锚固点用电锤钻出锚固孔，以便安装塑料膨胀螺栓进行木制作的固定。

3）根据造型位置线调整预留插座、开关线盒的位置，使其预留在造型的相对美观的位置，避免木作完成后，造成遗憾。

3. 固定基层板

根据尺寸进行基层板的加工，基层板选用9mm厚的澳松板，将加工好的基层板使用塑料膨胀螺栓固定在基础墙体上，螺栓固定时将螺栓帽处预先挖出一圆锥凹洞，方便螺栓拧入时将螺栓帽与板面拧平。

4. 固定装饰造型板

1）在基层板上放出木装饰线及装饰板的位置，弹出墨线。

2）依据装饰造型做出相应的装饰板块，装饰板块使用12mm厚澳松板制成，将装饰板块用汽钉枪定在基层板上，位置要准确，预留出装饰木线的位置。

3）汽钉枪使用蚊钉顶帽必须有防锈处理。装饰板固定在基层板时接触面需要涂刷白乳胶，白乳胶涂刷要均匀。

5. 粘贴、固定装饰面板

1）对于混油做法的木制作可直接将澳松板的装饰造型板作为完成面，而清油饰面需要在造型板面在粘贴3mm厚的饰面板。

2）根据设计要求选择优质的木纹饰面板，按照造型切割出板块，用白乳胶及汽钉固定在造型板上，3mm饰面板的尺寸要略大于造型板，待安装好后，用刨子刨到大小合适。

3）饰面板安装时要考虑到花纹的方向、位置，有拼花要求的要根据要求选择饰面板进行拼花。面板配好后进行试装，面板尺寸、接缝、接头处构造完全合适，木纹方向、颜色的观感尚可的情况下，才能进行正式安装。

6. 安装造型线条（贴脸）

1）根据设计要求加工实木线条，如果是混油做法，使用澳松板加工即可，如为清油做法，必须选取同饰面板同材质的实木线进行加工。实木木线应进行挑选、花纹、颜色应与框料、面板近似。贴脸规格尺寸、宽窄、厚度应一致，接榫应顺平无错榫。

2）用白乳胶及汽钉将挑选好的木线固定在基层板上，固定要牢固。安装位置正确，割角整齐、交圈，接缝严密，平直通顺，与墙面紧贴，出墙尺寸一致。

7. 验收

木制作完工后要进行检查验收，验收合格后方可进行油漆涂饰的施工。

4.4.4 施工验收

1. 细木制品与基层固定必须牢固，无松动。

2. 木制作，尺寸正确，表面平直光滑，棱角方正，线条顺直，不露钉帽，无戗槎、刨痕、毛刺和锤印。

3. 安装位置正确，割角整齐、交圈，接缝严密，平直通顺，与墙面紧贴，出墙尺寸一致。

4. 允许偏差项目。

木护墙板、筒子板安装允许偏差

项次	项目		允许偏差（mm）	检查方法
1	木护墙	上口平直	3	拉5m线尺量检查
		垂直	2	吊线坠尺量检查
		表面平整	1.5	用1m靠尺检查
		压缝条间距	2	尺量检查
2	贴脸板	垂直	2	吊线坠尺量检查
		上下宽窄差	2	尺量检查

4.4.5 施工要点

1. 面层木纹错乱，色差过大：主要是轻视选料，影响观感；注意加工品的验收。应分类挑选匹配使用。

2. 棱角不直，接缝接头不平：主要由于压条、贴脸料规格不一，面板安装进口不齐。细木操作从加工到安装，每一工序达到标准，保证整体的质量。

3. 上下不方正，基层偏差过大，未找平方，安装基层板时未调方正；应注意安装时调正、吊直、找顺，确保方正。

4. 下或左右不对称：主要是门窗框安装偏差所致，造成上下或左右宽窄不一致；安装找线时及时纠正。

5. 割角不严，割角划线不认真，操作不精心。应认真用角尺划线割角，保证角度、长度准确。

5 地面工程

5.1 地面水泥砂浆找平层施工工艺

适用范围

地面水泥砂浆垫层、水泥砂浆找平层、水泥砂浆找坡、水泥砂浆保护层等。

5.1.1 施工准备

1. 现场准备

1）穿地面的管道立管安装完毕，穿管处管洞用弹性材料填塞密实。

2）地面预埋管线、管沟等均已经完成，经过验收，相关的打压试验等合格。

3）各类预留口、预留洞口为盖板临时封堵，并做出标识。

4）所有成品、半成品的保护严密、彻底。

2. 材料准备

1）水泥砂浆配比为1：3。

2）塑料膨胀螺钉、软连接材料、双面不干胶带。

3）所有材料必须检验合格方能进行使用，材料存放应符合相应规定。

3. 工具准备

1）搅拌工具：电动搅拌器、拌料桶、灰槽、水桶、铁锹。

2）手动工具：平锹、木抹子、钢抹子、刮杠、笤帚、白线、墨斗、钢丝刷、铁錾子、手锤。

3）电动工具：小型搅拌机、平板振捣器。

4）检测工具：2米靠尺、铅锤、水平尺、直角尺、激光旋转水平仪。

5.1.2 工艺流程

基层处理→粘贴软连接材料→找标高、弹水平控制线、贴灰饼→制备水泥砂浆或混凝土→水泥砂浆（混凝土）找平→振捣、抹平→分项验收。

5.1.3 施工工艺

1. 基层处理

把粘结在混凝土基层上的浮浆、松动混凝土、砂浆、空鼓地面等用铁錾子剔掉，用钢丝刷刷掉水泥浮浆、油污等，对于光滑的抹灰地面应凿毛处理。

2. 粘贴软连接材料

用双面不干胶将软连接材料粘贴在地面找平墙体根部,粘结要连续、牢固。

3. 找标高、弹水平控制线、贴灰饼

1)用激光旋转水平仪确定装饰1m控制线,用墨斗弹出控制线。

2)在地面上四周距墙面200mm,中间间距1500mm用墨斗弹出纵横垂直线,将激光旋转水平仪放置在房屋中间,用直尺测出各个交叉点的标高,根据最高点确定找平厚度,最高处水泥砂浆找平厚度不得小于10mm。

3)利用激光旋转水平仪确定各个交叉点的找平标高,然后在交叉点处制作出灰饼,灰饼上表面即为找平标高。

4. 制备水泥砂浆或混凝土

1)清理干净搅拌桶,避免其他杂质的硬块影响水泥砂浆浆料的使用。

2)按照工艺要求将定量的水泥沙子以1:3的比例加入清水进行搅拌,搅拌均匀后即可找平使用(成品厚度不超过30mm)。

3)现场搅拌混凝土:水:水泥:砂子:豆石1:2:4:8(重量比),水泥采用P.O32.5普通硅酸盐水泥,水使用清水、砂为中砂、豆石粒径8~15mm。有要求的可将豆石改为适量的陶粒。

5. 水泥砂浆(豆石或陶粒混凝土)找平

1)水泥砂浆或者混凝土垫层铺设,按照由室内向室外,由墙角向门口铺摊。

2)大面积混凝土垫层应分段进行浇筑,并结合变形缝位置,不同类型的建筑地面连接处和设备基础的位置进行划分,并应与设置的纵向、横向伸缩缝的间距宜设置为6000mm×6000mm。伸缩缝可现场留置也可在地面终凝后用切割机进行现场切割。

3)垫层找平厚度范围控制在20~100mm。(水泥砂浆控制在20~30mm,混凝土厚度不得小于50mm)。

4)水循环地采暖保护层上层水泥砂浆垫层、容易开裂的地面,地面镀锌线管密集的部位,浇筑垫层时需要加设钢筋网片,网片孔距40mm×40mm。

6. 振捣、抹平

1)将搅拌好的浆料摊铺在地面上,略高于灰饼标高。随即用平板振捣器振捣,做到不漏振,确保混凝土密实。

2)厚度小于50mm的水泥砂浆(混凝土)垫层,可不使用平板振捣器振捣,使用平铁锹、抹子捣实。

3)找平混凝土振捣密实后,以墙上水平标高线及地面冲筋为准检查平整度,凹坑处需要补平。用水平刮杠刮平,表面再用抹子搓平,从内向外退着操作,并随时用2m靠尺及水平尺检查其平整度。有坡度要求的地面,应按设计要求找坡。

4）铁抹子压光（图 5-1 ~ 图 5-3）

铁抹子压第一遍：抹子抹平后，立即用铁抹子压第一遍，直到出浆为止，第二遍压光面层砂浆初凝后，人踩上去，有脚印但不下陷时，用铁抹子压第二遍，边抹压边把坑凹处填平，要求不漏压，表面压平、压光。有分格的地面压过后，应用溜子溜压，做到缝边光直、缝隙清晰、缝内光滑顺直。

图 5-1　基层处理扫浆　　图 5-2　用靠尺沿充筋刮平　　图 5-3　地面洒水养护

5.1.4　施工验收

水泥砂浆找平后，用靠尺及塞尺等工具对地面进行项目施工验收，验收合格后方可进行下道工序的施工。

质量验收标准

1. 水泥砂浆所用水泥、砂子、清水、（碎石、陶粒）符合施工规范有关规定。
2. 水泥砂浆配合比，材料计量、搅拌、养护和施工缝的处理符合施工规范的规定。

项次	项目	允许偏差	检测方法
1	标高	≤ 2mm	拉通线、钢直尺
2	表面平整度	≤ 3mm	2m靠尺、楔形塞尺
3	空鼓率	按标准少于 ≤ 5%	目测、检测小锤敲击
4	面层无起砂及裂缝	无	目测
5	卫生间地面找坡	5‰ ~ 10‰ 流水通畅无积水	淋水试验

5.1.5　施工要点

1. 注意水泥砂浆的加水量要一致，混凝土的配比要准确，振捣要密实。
2. 操作时认真找平，铺混凝土时必须根据所拉水平线掌握混凝土的铺设厚度。

振捣后再次拉水平线检查平整度,去高填平后,用刮杠以灰饼和冲筋为标准进行刮平,保证标高准确。

3. 垫层面积过大、未分段分仓进行浇筑、首层暖沟盖板上未浇混凝土、首层地面回填土不均匀下沉或管线太多垫层厚度不足60mm等因素,都能导致裂缝产生。施工时需要严格执行。

4. 冬季施工操作注意事项:室内施工砂浆材料、搅拌用水不应低于10℃,室外施工应有加热保温措施或按厂家提供方案添加防冻早强剂。

5. 水循环地暖保护层上层水泥砂浆垫层、容易开裂的地面,需铺钢筋网片,垫层厚度不小于30mm。

6. 地面垫层厚度超过60mm的垫层需铺钢筋网片。

5.2 陶粒垫层施工工艺

适用范围
室内高低差较大的垫层、填充层。如:降板下沉式卫生间的填充层项目。

5.2.1 陶粒材料

陶粒顾名思义,就是陶质的颗粒。陶粒的外观特征大部分呈圆形或椭圆形球体。它的表面是一层坚硬的外壳,这层外壳呈陶质或釉质,具有隔水保气作用,并且赋予陶粒较高的强度。焙烧生产陶粒的原料很多,品种也很多,颜色也就很多。焙烧陶粒的颜色大多为暗红色、灰黄色、灰黑色、青灰色等。

1. 产品特性:吸水率低,抗冻性能和耐久性能好、保温、隔热、抗振性好、适应性强。

2. 在装修作用:轻质性是陶粒优良性能中最重要的体现,在装饰装修中,陶粒有取代混凝土中的碎石和卵石趋势。

5.2.2 使用区域

陶粒的粒径一般为5~20mm,最大的粒径为25mm。呈圆形或椭圆形球体。在近年装饰装修住宅施工中,当厚度在100mm回填层,大量采用。尤其是南方地区,有降板下沉式卫生间结构的装修工程采用较多。

5.2.3 施工准备

1. 现场准备
1)穿地面的管道立管安装完毕,穿管处管洞用弹性材料填塞密实。
2)地面预埋管线、管沟等均已经完成,经过验收,相关的打压试验等合格。

3）各类预留口、预留洞为口盖板临时封堵，并做出标识。
4）所有成品、半成品的保护严密、彻底。

2. 材料准备（图5-4～图5-6）

1）陶粒（粒径不得大于15mm）、水泥、砂子、钢丝网。
2）塑料膨胀螺钉、软连接材料、双面不干胶带。
3）所有材料必须检验合格方能进行使用，材料存放应符合相应规定。

3. 工具准备

1）搅拌工具：电动搅拌器、拌料桶、灰槽、水桶。
2）手动工具：平锹、木抹子、钢抹子、刮杠、笤帚、白线，墨斗，钢丝刷、铁錾子、手锤。
3）电动工具：小型搅拌机、平板振捣器。
4）检测工具：2米靠尺、铅锤、水平尺、直角尺、激光旋转水平仪。

图5-4 陶粒产品

图5-5 钢丝网

图5-6 水泥材料

5.2.4 工艺流程

基层处理→粘贴软连接材料→找标高、弹水平控制线、贴灰饼→制备陶粒混凝土→陶粒混凝土找平→振捣、抹平→分项验收。

5.2.5 施工工艺（图5-7～图5-14）

1. 基层处理把粘结在混凝土基层上的浮浆、松动混凝土、砂浆、空鼓地面等用铁錾子剔掉，用钢丝刷刷掉水泥浮浆、油污等，对于光滑的抹灰地面应凿毛处理。

2. 粘贴软连接材料

用双面不干胶将软连接材料粘贴在地面找平墙体根部，粘结要连续、牢固。

3. 找标高、弹水平控制线、贴灰饼

1）用激光旋转水平仪确定装饰1m控制线，用墨斗弹出控制线。
2）在地面上四周距墙面200mm，中间间距1500mm用墨斗弹出纵横垂直线，将激光旋转水平仪放置在房屋中间，用直尺测出各个交叉点的标高，根据最高点确定找平厚度,最薄处陶粒混凝土找平厚度不得小于20mm。

3)利用激光旋转水平仪确定各个交叉点的找平标高,然后在交叉点处制作出灰饼,灰饼上表面即为找平标高。

4. 制备陶粒混凝土

现场搅拌混凝土:水:水泥:砂子:陶粒=1:2:4:4(重量比),水泥采用P.O32.5普通硅酸盐水泥,水使用清水、砂为中砂、陶粒粒径8~15mm。

5. 陶粒混凝土摊铺

1)陶粒混凝土垫层铺设,按照由室内向室外,由墙角向门口铺摊。

2)大面积陶粒混凝土垫层应分段进行浇筑,并结合变形缝位置。不同类型的建筑地面连接处和设备基础的位置进行划分,并应与设置的纵向、横向伸缩缝的间距宜设置为6000mm×6000mm。伸缩缝可现场留置也可在地面终凝后用切割机进行现场切割。

3)陶粒混凝土垫层找平厚度范围控制在20~100mm。

6. 振捣、抹平

1)将搅拌好的陶粒混凝土浆料摊铺在地面上,略高于灰饼标高。随即用平板振捣器振捣,做到不漏振,确保陶粒混凝土密实。

2)厚度小于50mm的水泥砂浆(混凝土)垫层,可不使用平板振捣器振捣,使用平铁锹、抹子捣实。

3)找平混凝土振捣密实后,以墙上水平标高线及地面冲筋为准检查平整度,凹坑处需要补平。用水平刮杠刮平,表面再用抹子搓平,从内向外退着操作,并随时用2m靠尺及水平尺检查其平整度。有坡度要求的地面.应按设计要求找坡。

4)铁抹子压光

用铁抹子压第一遍,直到出浆为止,第二遍压光面层砂浆初凝后,人踩上去,有脚印但不下陷时,用抹子压第二遍,边抹压边把坑凹处填平,要求不漏压,表面压平、压光。有分格的地面压过后,做到缝边光直、缝隙清晰、缝内光滑顺直。

图5-7 降板下沉卫生间　　图5-8 支堆保护固定　　图5-9 砌筑承重方格

图 5-10 按比例进行陶粒搅拌

图 5-11 安装钢筋网

图 5-12 陶粒回填施工

图 5-13 回填振捣

图 5-14 抹灰找平

5.2.6 施工验收

水泥砂浆找平后,用靠尺及塞尺等工具对地面进行分项工程的验收,验收合格后方可进行下道工序的施工。

质量验收标准

1. 陶粒混凝土所用成品砂浆、清水、碎石、陶粒等符合施工规范有关规定。
2. 陶粒混凝土的配合比,原材料计量、搅拌、养护和施工缝的处理符合施工规范的规定。

项次	项目	允许偏差	检测方法
1	标高	≤ 2mm	拉通线、钢直尺
2	表面平整度	≤ 3mm	2m靠尺、楔形塞尺
3	空鼓	每处小于15cm×15cm	目测、检测小锤敲击
4	面层无起砂及裂缝	无	目测
5	卫生间地面找坡	5‰~10‰流水通畅无积水	淋水试验

5.2.7 施工要点

1. 注意水泥砂浆的加水量要一致，陶粒混凝土的配比要准确，振捣要密实。
2. 操作时认真找平，摊铺陶粒混凝土时必须根据所拉水平线掌握混凝土的铺设厚度。振捣后再次拉水平线检查平整度，去高填平后，用刮杠以灰饼和中筋为标准进行刮平，保证标高准确。
3. 垫层面积过大、未分段分仓进行浇筑、首层暖沟盖板上未浇混凝土、首层地面回填土不均匀下沉或管线太多垫层厚度不足60mm等因素，都能导致裂缝产生。施工时需要严格执行。
4. 冬季施工操作注意事项：室内施工陶粒混凝土材料、搅拌用水不应低于10℃，室外施工应有加热保温措施或按厂家提供方案添加防冻早强剂。

目前在一些南方城市装修中，有采用一种砌筑矮墙砖，上铺设定制小张预制板，现浇水泥砂浆找平。完成住宅卫生间降板下沉结构防水施工（也称住宅卫生间沉箱施工法）。

主要材料：水泥、中砂、防水材料、小张预制板、钢筋等。

第一步：原卫生间沉箱底部试水，检查原主体结构防水无渗漏。

第二步：原卫生间沉箱底部和管壁清理干净，做找平一次，刷一次防水材料，并做试水实验48小时。施工方、甲方、监理确认后方为合格，沉箱内先将排水管、排污管预埋好，做好二次排水。

第三步：用水泥砂浆对二次排水口方向做好斜坡，斜坡表面光滑，形成锅状。

第四步：做柔性防水，四周侧面做到地面完成面30cm高。

第五步：按照卫生间尺寸，现场浇筑水泥砂浆层，内置钢筋。

第六步：三、四天时间之后，新浇筑的水泥砂浆层干透固化。

第七步：再做好防水的沉箱底部区域，用水泥砖（红砖）砌若干个支撑柱架。

第八步：敷设好盖齐小张水泥预制板。

第九步：在铺设水泥板上做找一次平，刷好防水材料。

第十步：最后进行铺砖工序和安装地漏。

5.3 地面铺砖、石材施工工艺

适用范围

适用瓷质砖、玻化砖、微晶石砖、大理石板材、花岗岩板材室内地面的铺贴。

5.3.1 施工准备

1. 现场准备

1）确认详细的排砖图，包括留缝尺寸、地砖相对位置等。

2）预埋的各种管线到位，并经过隐蔽验收，穿过地面的管道安装完毕，根部处理平整，填堵密实。

3）防潮、防水项目并经过专项验收。

4）卫生间地面防水经过闭水试验合格，普通地面经过专项验收，排砖线放置完毕。

5）主要材料进场并经过验收，地砖、石材等进场并进行选砖。

2. 工具准备

1）电动工具：角磨机、云石机、电动搅拌器。

2）手动工具：铝合金靠尺、锯齿馒刀、笤帚、白线、墨斗、玻璃胶枪、滚刷、勾缝刮板、拌料桶、灰槽、水桶。

3）检测工具：2米靠尺、线坠、直角尺、水平尺。

5.3.2 施工流程

基层处理→放线、预排砖、石材→选砖、选石材→水泥、砂子或瓷砖粘结剂制备→贴砖、铺贴石材→养护→勾缝→清理→打胶。

5.3.3 施工工艺

1. 基层处理

对基层进行彻底清扫，不得有浮尘、灰膏、油脂、水泥胶、明水等，并随时注意保持基面清洁卫生。

2. 放线、预排砖

1）按详细的排砖图纸在地面放线，使用墨斗弹出纵横控制线。

2）放线参照排砖基本原则进行面预排。

3. 选砖

提前做好选砖的工作，外观有裂缝、缺棱掉角和表面上有缺陷的砖剔除不用，并按花型、颜色挑选后分别堆放，要求按照设计要求施工。

4. 水泥砂浆铺贴

1）水泥砂浆配比为1:3。

2）光面基底需采用拉毛工艺处理。

3）原房结构误差较大时需做找平找方处理。

5. 养护

1）地面砖、石材需要自然养护3天以上，做好地面保护方可在地面上人。

2）在进行其他作业时地面砖需要覆盖保护板以保护地砖砖面。粘结剂一般28天后达到100%强度。

6. 勾缝

1）填缝一般可在铺瓷砖3～5天后进行，成品安装未进行前进行。

2）将粉剂倒入装有适量清洁水的搅拌容器中，用电动搅拌器进行搅拌，搅拌均匀后静置5分钟使粉剂充分吸收水分，再进行一次搅拌并检查填缝剂的粘稠度是否合适。搅拌好的填缝剂的开放时间为在桶中1.5小时。

3）清理砖缝，瓷砖缝应该干净，而且缝深不能低于砖厚度的50%。低于的需要将内部清理至要求缝深。

4）用橡胶抹子涂抹填缝剂在瓷砖上进行填缝，抹子经过砖缝时要斜着抹，并用力使填缝剂挤入砖缝直至填满。瓷砖表面上多余的填缝剂用抹布擦拭干净。

5）根据现场温度和湿度的具体情况，让瓷砖缝干燥20～30分钟，然后用湿的塑料泡沫擦洗干净，因为在砖缝干燥的过程中水能改变砖缝的颜色。当瓷砖表面的水分蒸发完后，用干抹布或棉纱头将瓷砖面和砖缝再最后抹一遍。

7. 打胶

1）厨卫成品安装完成后，瓷砖表面清理干净，将地砖与墙砖接缝、墙面阴角处，使用密封胶进行缝隙的密封，其位置应与结构上的墙角、基底上的伸缩缝和不同材料的接缝处保持一致。

2）需要的密封胶宽度在密封缝隙两侧各粘贴一条美纹纸胶带，缝隙大小控制在3mm左右，缝隙处打中性密封胶，再使用专业的刮板将密封胶刮均匀并填实，稍待片刻后将纸胶带撕下即可。

5.3.4 施工检查验收

1. 饰面砖、石材的品种、规格、级别、颜色、图案必须符合设计要求。

检验方法：观察、检查产品合格证、进场检验记录、性能检测报告。

2. 饰面砖粘贴用水泥基粘结剂及勾缝材料必须符合设计及国家规范要求。

检验方法：检查材料合格证、性能检测报告、复试报告。

3. 饰面砖粘贴必须牢固、无空鼓、无裂缝、不得有歪斜、缺棱掉角等缺陷。饰面砖工程表面应表面平整、洁净、色泽协调一致。

检验方法：观察、用小锤敲击检查。

4. 饰面非整砖宜安排在不明显处且不宜小于二分之一整砖。

检验方法：观察、尺量检查。

5. 饰面砖接缝应平直、光滑、宽窄一致、纵横交缝处无明显错台错位，填嵌应连续、密实宽度、深度、颜色应符合设计要求。

6. 采用湿作业法施工的石材板，施工前宜对石材板进行防碱背涂处理，将石材板背面及侧面均匀涂刷防护剂。石材板饰面工程表面应无泛碱、水渍现象。石材板与基体之间的灌注材料应饱满、密实。

检验方法观察，用小锤轻击检查；检查产品合格证。

7. 饰面砖粘贴的允许偏差和检验方法应符合下表的要求。

地砖粘贴的允许偏差和检验方法

项次	项目	允许偏差（mm）					检验方法
		饰面砖		石材			
		地砖	地砖	光面	斧面	菇石	
1	表面平整度	2	2	1.5	3	—	用2m靠尺和塞尺检查
2	接缝直线度	1	1~2	1	4	4	不足5m拉通线，用钢直尺检查
3	接缝高低差	0.5	0.5	0.5	3	—	用钢直尺和塞尺检查
4	接缝宽度	0.5	1	0.5	2	2	用钢直尺检查

8. 打胶的允许偏差和检验方法应符合下表要求。

打胶的允许偏差和检验方法

项次	项目	质量要求	检验方法
1	打胶宽度	均匀	目测
2	打胶表面	光滑	目测
3	打胶颜色	符合设计要求	目测

5.3.5 施工要点

1. 粘贴地砖前仔细审看排砖图纸，特别是墙砖与地砖需要上下通缝的地方，以及不同材质不同尺寸接缝处，要格外注意。

2. 采用湿作业法施工的石材板，施工前宜对石材板进行防碱背涂处理，将石材板背面及侧面均匀涂刷防护剂，石材板饰面工程表面应无泛碱、水渍现象。石材板与基体之间的灌注材料应饱满、密实。

3. 板块表面不洁净：主要是做完面层之后，成品保护不够。油漆桶放在地砖上、在地砖上拌合砂浆、刷浆时不覆盖等，都造成面层被污染。

4.有地漏的房间倒坡：做找平层砂浆时，没有按设计要求的泛水坡度进行弹线找坡。因此必须在找标高、弹线时找好坡度，抹灰饼和标筋时，抹出泛水。

5.地面铺贴不平，出现高低差：对地砖未进行预先选挑，砖的薄厚不一致造成高低差，或铺贴时未严格按水平标高线进行控制。

6 防水、防潮工程

6.1 涂膜防水工程施工工艺

6.1.1 适用范围

适用于室内卫生间、厨房、洗衣房、阳台等防水工程。

1. 施工现场准备

1）墙地面的水泥砂浆找平方施工完毕，经过验收。
2）墙地面表面清洁、干净，无积水。

2. 材料准备

涂膜防水材料、无纺布等。

3. 工具准备

1）搅拌工具：电动搅拌器、拌料桶、灰槽、水桶。
2）手动工具：滚刷、鬃刷、壁纸刀、剪刀、刮板、小塑料桶。

6.1.2 施工流程

基层清理及养护→（粘贴防水附加层）→制备防水浆料→涂刷第一层防水膜→涂刷第二层防水膜→封闭现场养护→闭水试验（验收）→保护。

6.1.3 施工工艺（图 6-1 ~ 图 6-3）

1. 基层处理

必须认真负责的彻底清扫干净基层，不得有浮尘、杂物、明水等，并随时注意保持基面清洁卫生。基层表面应平整，不得有空鼓、起砂、开裂等缺陷。基层含水率应符合防水材料的施工要求。

2. 制备防水浆料

按照防水材料的包装说明，进行指导取防水粉剂及相应分量的清水，先将清水倒入搅拌桶中，然后将粉料慢慢倒入桶中，边倒边用电动搅拌器进行搅拌，粉料倒完后用搅拌器上下移动进行搅拌，使浆料充分和水混合均匀。

其中，采用不同类型的各种防水材料，均应按产品施工说明，进行施工。

3. 涂刷第一层防水浆料

待附加层干固后，用毛刷蘸取防水浆料均匀顺序的涂刷表面，阴角管根用毛刷着重刷涂，涂抹厚度≥ 0.7mm。涂刷后注意保护成品。

4. 涂刷第二层防水浆料

1）在第一层防水涂层成膜后，淋水养护约 2 小时，用毛刷蘸取防水浆料均匀涂刷第二遍，涂刷方向与第一遍相互垂直，阴角管根用毛刷着重刷涂，涂刷厚度 ≥ 0.7mm。

2）用于地面施工时干膜厚度控制在 1.5 ~ 1.7mm，用于墙面时干膜厚度控制在 1.5mm。

附加说明：防水材料品种很多，必须先按各自防水材料不同要求、不同方法制备涂刷浆料。

5. 封闭现场养护

防水层施工完成封闭现场进行自然养护，一般 12 小时后即可进行闭水试验。

图 6-1　防水材料涂刷图示

图 6-2　管根二次涂刷图示

图 6-3　厨卫门口做挡水坎图示

6.1.4　闭水试验

1. 防水层施工完毕，养护 12 小时后即可进行闭水试验，蓄水前用水泥砂浆临时将地漏或排水口部位以及门口封闭起来，蓄水深度水位最浅处不小于 20mm，闭水时间 48 小时，如未发生渗漏，即可进行下道工序的施工。

2. 保护：防水验收完毕应做好保护，防止施工当中破坏防水膜。

6.1.5　施工检查

1. 涂膜防水层与基层粘结牢固，收边密封严实，无损伤、空鼓等现象。涂膜厚度均匀一致。经闭水试验，以最终无渗漏时为合格。

2. 墙体与地面结合处，结合严密。

6.1.6　施工要点（图 6-4 ~ 图 6-6）

1. 防水层应从地面延伸到墙面，常规在 1800mm。对于贴墙砖部位均需要防水满刷。

2. 涂膜表面不起泡、不流淌、平整无凹凸，与管件、洁具地脚、地漏、排水口接缝严密收头圆滑不渗漏。

3. 保护层水泥砂浆厚度、强度必须符合设计要求，操作时严禁破坏防水层，根据设计要求做好地面泛水坡度，排水要畅通、不得有积水倒坡现象。

4. 防水水泥砂浆找平层与基础结合密实、无空鼓，表面平整光洁、无裂缝、麻面、起砂，阴阳角做成圆弧形。

5. 当墙面地面均有防水层施工项目时。先进行墙面防水层施工，再进行地面防水层施工，墙面有无防水层施工项目时，地面防水层都应在墙根部位上翻300mm高度，卫生间门口先安装过门石再做防水后进行地砖铺贴。

图 6-4　卫生间刷防水高度 1.8m

图 6-5　防水材料二至三遍涂刷

图 6-6　防水闭水24 小时试验

6.1.7　质量通病防治措施

（1）气孔、气泡：材料搅拌方式及搅拌时间未使材料拌合均匀；施工时应采用功率、转速不过高的搅拌器。另一个原因是基层处理不洁净，做涂膜前应仔细清理基层，不得有浮砂和灰尘，基层上更不应有孔隙，涂膜各层出现的气孔应按工艺要求处理，防止涂膜破坏造成渗漏。

（2）起鼓：基层有起皮、起砂、开裂、不干燥，使涂膜粘结不良；基层施工应认真操作、养护，待基层干燥后，先涂底层涂料，固化后，再按防水层施工工艺逐层涂刷。

（3）涂膜翘边：防水层的边沿、分项刷的搭接处，出现同基层剥离翘边现象。主要原因是基层不洁净或不干燥，收头操作不细致，密封不好，底层涂料粘结力不强等造成翘边。故基层要保证洁净、干燥，操作要细致。

（4）破损：涂膜防水层分层施工过程中或全部涂膜施工完，未等涂膜固化就上人操作活动，或放置工具材料等，将涂膜碰坏、划伤。施工中应保护涂膜的完整。

6.2 卷材防水工程施工工艺

6.2.1 适用范围

适用于住宅别墅地下室、楼顶、露台等防水工程。

1. 施工现场准备

1）铺贴防水层的基层应施工完毕，并检查验收，办理完隐蔽工程验收手续。表面应清扫干净，残留的灰浆硬块及突出部分应清除掉，整平修补抹光；阴阳角处应做成圆弧或钝角；连接部位应做成半径为 100～150mm 的圆弧或钝角。

2）基层表面应保持干燥，含水率不大于 9%，并要求表面平整、牢固，不得有起砂、开裂、空鼓等缺陷。

3）阴阳角、变形缝等易发生渗漏水部位，应做好附加层等增强处理。

4）防水层施工所用各种材料及机具，均已备齐运至现场，要检查质量、数量能满足施工要求，并分类整齐堆放在仓库内备用。

2. 材料准备

项目质量要求

折痕每卷不超过 2 处，总长不超过 20mm；

杂质大于 0.5mm 颗粒不允许；

胶块每卷不超过 6 处，每处面积不大于 $4mm^2$；

缺胶每卷不超过 6 处，每处不大于 $7mm^2$，深度不超过本身厚度 30%。

3. 工具设备

1）电动机具：电动搅拌器。

2）手用工具：搅拌桶、小铁桶、小平铲、塑料或橡胶刮板、滚动刷、壁纸刀、毛刷、弹簧秤、消防器材等。

6.2.2 施工流程

清理基层→细部节点部位附加层施工→防水卷材施工→检查修理→组织验收→保护层施工。

6.2.3 施工工艺

1. 清理基层。先将基层表面的尘土、砂粒、砂浆硬块等杂物清扫干净，并用干净的湿布擦一次。基层表面的突出物、砂浆疙瘩等应铲除、清理掉。对凹凸不平处，应用高强度等级水泥砂浆修补或找平。

2. 涂刷底胶。卷材底面和基层表面均涂胶粘剂。卷材表面涂刷基层胶粘剂时，先将卷材展开摊铺在旁边平整干净的基层上，用长柄滚刷蘸胶粘剂均匀涂刷在卷材背面，不得涂刷太薄而露底，也不得涂刷过多而底胶。搭接缝部位不得涂刷胶粘剂，留作涂刷接缝胶粘剂，留置宽度即卷材搭接长度。

基层表面涂刷基层胶粘剂重难点为阴阳角、平立面转角处、卷材收头处等节点部位，这些部位有增强层时应用接缝胶粘剂。

1）涂刷底胶相当于传统的刷冷底子油工序，其作用是隔断基层潮气，防止卷材起鼓、脱落，增强涂刷与基层的粘结，避免卷材层出现针眼、气孔等质量问题，必须认真操作。

2）涂刷时，先用油漆刷蘸底胶在阴阳角等部位均匀涂布一遍，大面积则改用长柄滚刷或橡皮刮板进行刮涂，一般涂布量为 0.15～0.20kg/m^2，涂布后常温在 4h 以后手感不粘时，即可进行下道工序作业。

3. 卷材铺贴。涂刷胶粘剂与铺贴卷材间的间隔时间凭经验确定：用指触不粘手时即可开始粘贴卷材。

1）铺贴时应对准已弹好的粉线，并在铺贴好的卷材上弹出搭接宽度线。卷材铺贴采用滚铺法，注意防止砂子、灰尘等杂物粘在卷材表面。

2）每铺完一幅卷材，立即用干净而松软的长柄压辊从卷材一端顺卷材横向顺序滚压一遍，彻底排除卷材粘结层间的空气。排除空气后，平面部位卷材用外包橡胶的大压辊滚压（一般重 30～40kg），使其粘贴牢固。滚压从中间向两侧移动，做到排气彻底。

3）平面立面交接处，则先粘贴好平面，经过转角，由下往上粘贴卷材，粘贴时勿拉紧，轻轻沿转角压紧密实，再往上粘贴，同时排出空气，最后用手持压辊滚压密实，滚压时从上往下进行。

4. 卷材铺好压贴后，将搭接部位结合面清除干净，用棉纱沾少量汽油擦洗。然后采用油漆刷均匀涂刷，不得出现露底、堆积现象。涂胶量可按产品说明控制，待胶粘剂表面干燥后即可进行粘合。粘合时从一端开始，边压合边驱逐空气，不允许有气泡和皱折现象，然后用手持辊顺边认真滚压一遍，使其粘接牢固。三层重叠处用密封材料预先加以填封，否则将会成为渗水通道。搭接缝全部粘贴后，封口要用密封材料封严，密封时沿缝刮涂，不得留有缺口，密封宽度不应小于 10mm。

6.2.4 施工要点

1. 雨天严禁进行卷材施工，五级风及其以上时不得施工。

2. 夏季施工时，屋面如有漏水潮湿，应待其干燥后方可铺贴卷材，并避免在高温烈日下施工。

3. 卷材防水层的找平层应符合质量要求，达到规定的干燥程度。

4. 在屋面拐角、水落口、屋脊、卷材搭接、收头等节点部位，必须仔细铺干、贴紧、压实、收头牢靠，符合设计要求和屋面工程技术规范等有关规定；在屋面拐角、落水口、屋脊等部位应加铺卷材铺加层。

5. 卷材铺贴时应避免过分拉紧和皱折，基层与卷材间排气要充分，不允许有翘边、脱层现象。

6. 不允许穿带钉子的鞋进场。

7. 竣工的防水层不准堆其他材料，以免损坏防水层。

8. 防水层做完后应作蓄水检查，蓄水深度20～30mm，24h内无渗漏为合格，之后方可进行下道工作。

9. 屋顶坡度应严格按施工图要求找，泛水、雨水口及雨水管口在施工中应采取措施妥加保护，严禁杂物落入雨水管内，室内暗雨水管应作闭水试验，作好记录，合格后方可封闭。

6.2.5 施工检查

1. 主控项目

1）卷材防水层所用卷材及主要配套材料必须符合设计要求，检查出厂合格证、质量检验报告和现场抽样试验报告。

2）卷材防水层及其转角处、变形缝、穿墙管道等细部做法，均须符合设计要求。

2. 一般项目

1）卷材防水层的基层应牢固，基面应洁净、平整，不得有空鼓、松动、起砂和脱皮现象；基层阴阳角处应做成圆弧形观察检查和检查隐蔽工程验收记录。

2）卷材防水层的搭接缝应粘（焊）结牢固，密封严密，不得有皱折、翘边和鼓泡等缺陷。

3）侧墙卷材防水层的保护层与防水层应粘结牢固，结合紧密、厚度均匀一致，观察检查。

4）卷材搭接宽度的允许偏差为10mm。

7 加设楼层板工程

7.1 加设混凝土层板地面施工工艺

7.1.1 适用范围

适用于室内钢结构已完基础上进行的石材和瓷砖装饰地面施工，不应做为厨房、卫生间功能使用。

1. 施工现场准备

1）新建钢结构层板骨架施工完毕。
2）防锈处理、防腐处理完毕，并经过验收。
3）细木工板或 OSB、板整体涂刷防腐、防火材料、软连接材料。

2. 材料准备

1）层板材厚度 18mm、厚度 20～40mm 挤塑板、塑料布、双面不干胶、不干胶带。
2）钢板自攻螺栓、自攻螺丝、火烧绑扎丝、钢丝网片（Φ3@50mm）、抗碱强力玻纤网格布、防腐、防火涂料、软连接材料。

7.1.2 施工流程

放线→铺细木工板或 OSB 板→铺挤塑板、塑料布→绑扎钢筋网片→豆石混凝土制备→浇筑豆石混凝土垫层→压光→养护。

7.1.3 施工工艺

1. 放线

1）根据钢结构的主副梁位置进行放线，确定 OSB 板的大小尺寸，保证 OSB 板铺装时板缝留置在钢梁中间。
2）在墙面放出控制水平 1m 线，墙体四周粘贴软连接材料后，弹出控制线。

2. 铺细木工板或 OSB 板

1）将裁好已经做完防腐、防火处理的细木工板或 OSB 板铺设在钢架上，所有接缝必须留置在钢梁中心。
2）用自攻螺栓固定细木工板或 OSB 板于钢梁上，调整自攻螺栓的松紧调平，板边钉距 200mm，板中钉距 300mm，每张板材宽向不少于 4 排固定钉。
3）检查铺设完毕的板面，对防腐、防火涂料被破坏的部分，重新涂刷。

3. 铺挤塑板、塑料布

1）墙体根部使用双面胶粘贴软连接材料，粘贴要牢固。

2）在细木工板或OSB板面铺设20~40mm挤塑板（根据现场实际情况确定），铺设时，自然接缝，但注意挤塑板的缝隙不和OSB板板缝形成通缝。

3）挤塑板铺设完毕后，要铺设塑料布，塑料布沿墙边缘上翻200~300mm使用两面胶临时固定，固定要牢固。塑料布同塑料布搭接时要相互搭接，搭接宽度50mm。

4）用不干胶胶带将塑料布的接缝粘贴严密，不得漏水。

4. 绑扎钢丝网片

1）将钢丝网片铺设在塑料布上，相邻钢丝网片间搭接连接，搭接宽度50mm，用火烧绑扎丝绑扎，绑扎时不要扎破塑料布。

2）绑扎钢丝网片完成后，垫设20mm厚的水泥垫块，水泥垫块采用水泥砂浆制作，规格50mm×50mm×20mm，用绑扎丝绑牢。

5. 豆石（陶粒）混凝土制备

现场搅拌混凝土：水：水泥：砂子：豆石=1：2：4：8（重量比），水泥采用P·O32.5普通硅酸盐水泥，水使用清水、砂为中砂、豆石（陶粒）粒径8~15mm。或者采用建筑成品砂浆（装饰通用型）按照2：1掺入适量豆石（陶粒），加水搅拌。

6. 浇筑豆石混凝土垫层

1）搅拌好的混凝土必须在2h内使用完，超过上述时间的混凝土不得使用，并不应再次拌合后使用。砂浆应随拌随用，严禁超量加水，否则会导致强度降低并使收缩量增大、表面浮浆，成品开裂。

2）大面积地面垫层应分区段进行浇筑。分区段应结合变形缝位置，不同材料的地面面层的连接处和设备基础位置等进行划分。

3）混凝土垫层从一端开始铺设，由室内向外退着操作，垫层找平厚度范围40~50mm，人工捣实。

7. 压光

压光：使用杠尺及木抹子抹平后，立即用铁抹子压第一遍压光。压到泌出灰浆为止，如果砂浆过稀表面有泌水现象时，可均匀撒一遍成品砂浆干粉，再用木抹子用力抹压，使干粉料与砂浆紧密结合为一体，吸水后用铁抹子压平。如有分格要求的地面，在面层上弹分格线，用劈缝溜子开缝，再用溜子将分缝内压至平、直、光，上述操作均在水泥砂浆初凝之前完成。

8. 养护

1）垫层浇筑完成后，应在12小时左右洒水和进行覆盖，用塑料膜覆盖至少7天保护地面湿润。

2）面层施工时必须等到垫层完全干燥后进行。

7.1.4 施工检查

1. 细木工板或OSB板防腐、防火涂料涂刷严密无漏涂。
2. 混凝土的配合比、原材料计量。搅拌、养护和施工缝处理等必须符合施工规范的规定。
3. 混凝土垫层需要符合下表要求。

项次	项目	允许偏差（mm）	检验方法
1	标高	3	用2m靠尺
2	表面平整度	3	用2m靠尺和塞尺
3	空鼓	空鼓直径≤50mm 空鼓率≤5%	观察、检测锤敲打
4	无起砂和裂缝	无起砂、细小裂纹	观察

7.1.5 施工要点

1. 克服混凝土不密实：主要由于漏振和振捣不密实或配合比不准及操作不当而造成。基底未洒水太干燥和垫层过薄，也会造成不密实。
2. 表面不平现象是标高不准，操作时未认真找平。铺混凝土时必须根据所拉水平线掌握混凝土的铺设厚度，振捣后再次拉水平线检查平整度，去高填平后，用木刮杠以灰饼和冲筋为标准进行刮平。
3. 钢丝网片不得刷漆、覆塑，不得油污，并保持干净。

7.2 加设木质层板地面施工工艺

7.2.1 适用范围

适用于室内新加设层板的木地板装饰地面施工，不可用于潮湿功能间。

1. 施工准备

1）新建钢结构层板骨架施工完毕。
2）防锈处理、防腐处理完毕，并经过验收。
3）细木工板或OSB板整体涂刷防腐、防火材料。

2. 材料准备

1）细木工板或OSB板（18mm）、10~20mm挤塑板、塑料布、双面不干胶、不干胶带。
2）钢板自攻螺栓、自攻螺丝、火烧绑扎丝、钢丝网片、抗碱强力玻纤网格布、防腐、防火涂料、软连接材料。

7.2.2 施工流程

放线→铺细木工板或 OSB 板→铺挤塑板→铺设细木工板或 OSB 板→检查验收。

7.2.3 施工工艺

1. 放线

1）根据钢结构的主副梁位置进行放线，确定细木工板或 OSB 板的大小尺寸，保证 OSB 板铺装时板缝留置在钢梁中间。

2）在墙面放出控制水平 1m 线，墙体四周粘贴软连接材料后，弹出控制线。

2. 铺设细木工板或 OSB 板

1）将裁好已经做完防腐、防火处理的 OSB 板铺设在钢架上，所有接缝必须留置在钢梁中心。

2）用自攻螺栓固定细木工板或 OSB 板于钢梁上，调整自攻螺栓的松紧调平，板边钉距 200mm，板中钉距 300mm，每张板材宽向不少于 4 排固定钉。

3. 铺挤塑板

1）墙体根部使用双面胶粘贴软连接材料，粘贴要牢固。

2）在 OSB 板面铺设 10～20mm 挤塑板（根据现场实际情况确定），铺设时，自然接缝，但注意挤塑板的缝隙不和细木工板或 OSB 板板缝形成通缝。

4. 铺设 OSB 板

1）防腐、防火处理的细木工板或 OSB 板铺设在挤塑板上，这层细木工板或 OSB 板要垂直于底层细木工板或 OSB 板铺设。

2）用自攻螺丝固定细木工板或 OSB 板于下层细木工板或 OSB 板上，调整自攻螺丝调平板面，板边钉距 200mm，板中钉距 300mm，每张板材宽向不少于 4 排固定钉。对防腐、防火涂料被破坏的部分，重新涂刷。

7.2.4 施工检查

细木工板或 OSB 板铺装完成面允许偏差见下表要求。

项次	项目	允许偏差（mm）	检验方法
1	标高	3	用 2m 靠尺
2	表面平整度	3	用 2m 靠尺和塞尺

8 给排水管路施工安装工程

8.1 给水管路施工工艺

适用范围

适用于工作压力不大于 1.0MPa 的室内给水系统管道安装,以及工作压力不大于 1.0MPa,热水温度不超过 75℃的室内热水系统管道安装工程。

8.1.1 施工准备

1. 现场准备

施工现场拆除工作完成并清理干净。

2. 材料准备

1)国标专用 PP-R 管,配套 PP-R 管件。

2)所有管道、管件必须经过复查验收合格。

3. 工具准备

1)电动工具:热熔焊接机、PP-R 管切断钳、电钻、电锤、切割锯。

2)手动工具:活板子、管钳、钳子、打压泵、压力表、錾子、手锤。

3)水平尺、角尺、卷尺、线坠、小线、墨斗。

8.1.2 管线施工

厨卫的给水管线施工应符合下列布线要求:

1. 应根据所采用厨卫的接管要求选择管材、管径,并进行预留;

2. 预留管道宜靠近厨卫的接管位置,并设置检修用阀门;

3. 预留管道不宜埋设在承重结构内,宜在吊顶内敷设;

4. 预留管道宜选用与厨卫接管相匹配的材质和连接方式。当选用不同材质的管道时,应有可靠的过渡连接措施;

5. 设置阀门和敷设管道的部位应保证有便于安装和检修的空间;

6. 在厨卫内安装的电热水器必须带有漏电保护的安全装置。当采用塑料给水管道时,应有不小于 400mm 的金属管段与电热水器连接;

7. 非嵌墙敷设的热水管道应有保温措施;

8. 各预留管道外壁应按设计规定涂色或标识。当使用非传统水源时,其供水管必须采取确保防止误接、误用、误饮的安全措施。

8.1.3 施工流程

测量、放线→墙地面开槽→裁管下料、管路敷设、热熔焊接→管路固定→打压试验→隐蔽验收→冲洗管道→竣工验收。

8.1.4 施工工艺

1. 测量放线

1）依据管线施工布线要求在墙、地面弹出墨线、标出剔槽、开孔位置、预留口位置等。

2）冷水管线和热水管线,中水管线应分开敷设,并在弹线位置标有"冷""热"标识。

3）冷热水管道在顶部及走明管时平行安装,要上热下冷,垂直安装应左热右冷,器具用水点应左热右冷,管道平行间距 150 ~ 200mm,预留口必须准确（水平位置）,同一组用水器具预留口保持水平偏差不超过 2mm,且与墙面保持垂直,距地面的距离一致。出水口间距按设计尺寸预留,有暗埋阀体的出水口按图纸预留,没有特殊要求的冷热出水口间距 150mm。

4）给水管道尽量沿墙、梁、柱直线敷设,可根据要求在管槽、管井、管沟及吊顶内暗设。

2. 墙地面开槽

1）墙地面暗管线安装,墙地面开槽要顺直、无扭曲,开槽横平竖直,墙面不允许开 300mm 以上长度的横槽。混凝土墙面剔槽时,遇横向钢筋,严禁切断钢筋,预制梁柱和预应力楼板均不得随意剔槽打洞,地面管道区不允许开槽、打眼。

2）开槽时必须使用切割锯按照墨线切到预定深度,然后使用錾子剔出孔槽,穿墙孔洞需加金属套管。

3. 裁管下料、管路敷设、热熔焊接

1）确定每段管子长度下料,用 PP-R 管切断钳下料,下料时注意裁切口平齐无毛刺,并垂直于管轴线,管材、管件连接面必须清洁、干燥、无油。

2）给水管道不得穿越烟道、风道、变配电间。塑料给水管道应远离明火,距炉灶外缘不得小于 400mm,给水管道穿越伸缩缝时,应根据使用材质采取有效的技术措施。

3）给水水平管线应有 2‰ ~ 5‰ 的坡度,坡向可以泄水的装置方向。PP-R 管线的线膨胀系数较大（0.15mm/m℃）。明敷或直埋暗敷布管时必须采用防止管线变形的技术措施。

4）直埋式管线应采用热（电）熔连接;与金属管或用水器连接,应采用丝扣连接或法兰连接;明敷或非直埋管道采用热熔连接;$D_w ≥ 75$ 的管道宜采用热熔连接或法兰连接。

5）PP-R管线的接头必须使用相应的管件连接，采用热熔焊接机进行熔接，熔接时要保证管与管保持处于同一轴线。焊接所有管件应平直无歪斜，保持管材与管件熔接口处于同一轴线上。

6）熔接弯头或三通等有安装方向的管件时，应按图纸要求注意其方向，保证安装角度正确，加热后应无旋转地把管插入到所标识深度，调正、调直时，不应使管材和管件旋转，保持管材与管件熔接口处于同一轴线上（当把水管和管件从焊接机加热头上取下和承插连接时不要扭曲和旋转）。

4. 管线固定

1）管线的固定：管道必须按不同管径和要求设置专用管卡或支托吊卡架。其位置应正确、合理、安装平直、牢固、不得损伤管材表面。采用金属卡架时，管卡与管材间应采用塑料或橡胶等软质材料隔垫。管道末端，各用水点处均应设置管卡架固定。

2）敷设在暗槽中的管线可用塑料胀栓和铜丝进行绑扎固定，绑扎松紧适当，不可用力过大。

3）室内暗敷管道安装完毕验收合格后，必须采用成品水泥砂浆将暗槽填平，填补时要注意，不可将管道填堵过于密实，最好留有部分余量，防止管道变形。

4）明装管道支撑固定点间距要求：

		塑料管线及复合管管道支架的最大间距											
管径（mm）		12	14	16	18	20	25	32	40	50	63	75	90	110
最大间距 mm	立管	500	600	700	800	900	1000	1100	1300	1600	1800	2000	2200	2400
	水平管 冷水	400	400	500	500	600	700	800	900	1000	1100	1100	1200	1550
	水平管 热水	200	200	250	300	300	350	400	500	600	700	700	800	

8.1.5 PP-R给水管线热熔焊接施工（图8-1～图8-6）

1. 目前管线的主要连接方式为热熔或电熔方式连接。管材和管件之间，一般采用热熔承插连接，安装部位狭窄处，可采用电熔连接。直埋敷设的管道不得采用螺纹或法兰连接。PP-R管道等与金属管件或其他管材连接时应采用螺纹或法兰连接。法兰连接部位应设置支、吊架。

2. PP-R焊接温度：（260±10）℃，焊接参数与外径相关。

图 8-1 将管材清理干净

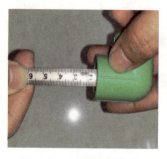
图 8-2 测量管件热熔插接深度

图 8-3 标记管材热熔承插深度

图 8-4 给水管加热、吸热

图 8-5 将管快速插入管件并保持

图 8-6 管路焊接完成

8.1.6 打压试验

室内给水管线的水压试验必须符合设计要求和施工规范的规定。

检验方法：给水管线施工完成后，先拆下水表并保管好，将各个出水口封堵，用打压泵缓慢注水，将管内空气从末端排出，再进行打压试验。压力表定标为 0.7MPa，稳压 0.5 小时后，压力下降不大于 0.03MPa，同时检查给水管及各连接点不得出现渗漏现象。

8.1.7 隐蔽验收

给水管线在隐蔽前必须完成打压试验在内的隐蔽验收项目，填写隐蔽验收单。
1. 管线冲洗在验收前用清水水冲洗管道。
2. 验收在用水器具安装完毕后，对整个给水系统进行验收，填写好验收单。

8.1.8 施工验收（图 8-7 ~ 图 8-9）

1. 冷热水管线安装应左热右冷，平行间距应不小于 100mm。
2. 冷热水供水系统采用分水器供水时，应采用半柔性管材连接，水管内丝接头是否预留合适的深度（考虑贴砖厚度，一般伸出墙体完成面3mm）。

3. 管线敷设应横平竖直，管卡位置及管道坡度等均应符合验收规范要求。

4. 沐浴进水口中心间距15cm，离地90～110cm。浴缸进水口离地60～75cm（根据现场实际情况数值可上下浮动微调）。

5. 洗脸盆，洗菜盆进水口中心间距15cm，离地55cm左右。热水器进、出水口离地120cm（根据实际情况数值可上下浮动微调）。

6. 室内给水管道上开关、阀门、混水器产品安装，须符合产品说明书的规定。

图8-7 墙面开槽操作图示　　图8-8 丝堵预留，间距15厘米　　图8-9 管道敷设和临时封口保护

8.1.9 施工要点

1. 剔槽不宜过深或过宽，混凝土楼板、墙等均不得擅自切断钢筋损坏。

2. 穿过建筑物和设备处加保护套管，穿过变形缝处有补偿装置，补偿装置应平整，活动自如，管口光滑。

3. 严禁PP-R管与其他管材混接，严禁不同品牌的PP-R管或管件混用。

4. 严当使用带金属螺纹管件时，白色生料密封带必须缠绕足够，以避免从螺纹处漏水。同时注意避免过分用力拧紧，造成金属螺纹裂缝。

5. 严禁人为方法冷却熔接部位，要让其自然冷却。

6. 冷热给水管线有防凝结露或保温措施，当PP-R管自身具有此项性质可不做。

8.1.10 施工建议（图8-10～图8-12）

给水管线安装时尽量采用暗敷，主要取决于以下因素：

1）容易解决热膨胀。直埋嵌墙或在建筑面层内敷设，可利用其摩擦力，克服管道因温差引起的膨胀力。

2）有利于隔热防火。

3）暗敷方式分为直埋和非直埋两种，直埋形式分为嵌墙敷设和地坪面层内敷设，暗敷埋方式分为嵌墙敷设、埋地敷设、吊顶敷设。

4）住户人口较多或出水口较多时建议采用 D25 规格：采用 D25 规格，水流量更大，水龙头开关不影响其他用水口水量。

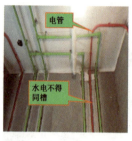
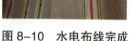
图 8-10 水电布线完成

图 8-11 水路打压测试

图 8-12 管路打孔警示标志

8.1.11 冬季给水管线施工注意事项

1. 冬季施工宜谨慎，施工应采取可靠的防冻措施。

2. 当施工场所温度过低时（低于 5℃），应停止给水管路的施工或是提高环境温度；如果管线刚从材料库房取出，应在环境温度下静置一段时间，防止管材本身温度过低而引起端口凝露。

3. 施工、搬运过程中要更加注意轻拿轻放，杜绝暴力敲击或刻意折弯管道。

4. 焊接温度可适当提高 5～10℃，或者适当增长焊接时的吸热时间。

5. 给水管线抗低温霜冻性差，系统试压后需要越冬的，应注意放空水管，以免结冰，胀裂管道。

6. 北方地区室内阳台改造为厨房区域时，管线宜加保温层，以防冻裂管道，并加装遮光层，防止紫外老化。

8.1.12 给水管线常见四种质量隐患

1. 爆管：分清脆性破坏和韧性破坏。强化文明施工措施。

2. 裂管：贯穿式开裂，一般与储运有关。

3. 嵌件渗漏：施工操作不当，阴阳铜嵌件与塑料结合处漏水。

4. 管道变形：受热原因，尽量暗埋。合理布置卡钉。

8.2 给水薄壁不锈钢管管线施工工艺

适用范围

适用于工作压力不大于1.6MPa，温度不超过100℃、不低于-10℃（采用橡胶密封圈时）的新建、改建、扩建的民用与工业建筑生活冷水、生活热水、直饮水等管道安装工程。

8.2.1 施工准备

1. 现场准备

施工现场拆除工作完成并清理干净。

2. 材料准备

1）国标薄壁不锈钢给水管和配套卡压式管件。
2）所有管道、管件必须经过复查验收合格。

3. 工具准备

1）电动工具：电钻、电锤、切割锯。
2）手动工具：活络扳手、管钳、打压泵、压力表、錾子、手锤、手动液压泵、手动切管器。
3）水平尺、角尺、卷尺、线坠、小线、墨斗。

8.2.2 施工布线

厨卫的给水管路应符合下列布线要求：

1. 应根据所采用厨卫的接管要求选择管材、管径，并进行预留；
2. 预留管道宜靠近厨卫的接管位置，并设置检修用阀门；
3. 预留管道不得埋没在承重结构内，宜在吊顶内敷设；
4. 预留管道宜先用与厨卫接管相匹配的材质和连接方式。当选用不同材质的管道时，应有可靠的过渡连接措施；
5. 设置阀门和敷设管道的部位应保证有便于安装和检修的空间；
6. 在厨卫内安装的电热水器必须带有漏电保护的安全装置。当采用塑料给水管道时，应有不小于400mm的金属管端与电热水器连接；
7. 飞嵌墙敷设的热水管道应有保温措施；
8. 各预留管道外壁应按设计规定涂色或标识。当使用非传统水源时，其供水管必须采用确保防止误接、误用、误饮的安全措施。

8.2.3 施工流程

测量、放线→墙地面开槽→断管下料、管路敷设、卡压连接→管路固定→打压试验→隐蔽验收→冲洗管道→竣工验收。

8.2.4 施工工艺

1. 测量放线

1）据施工布线要求在墙、地面弹出墨线、标出剔槽、开孔、预留口位置等。

2）冷水管线和热水管线,中水管线应分开敷设,并在弹线位置标有"冷""热"标识。

3）冷热水管道在顶部及走明管时平行安装,要上热下冷,垂直安装应左热右冷,管道平行间距 150～200mm,预留口必须准确（水平位置）,同一组用水器预留口保持水平偏差不超过 2mm,且与墙面保持垂直,距地面的距离一致。出水口间距按设计尺寸预留,有暗埋阀体的出水口按图纸预留,没有特殊要求的冷热出水口间距 150mm。

4）给水管道尽量沿墙、梁、柱直线敷设,可根据要求在管槽、管井、管沟及吊顶内暗设。

2. 墙地面开槽

1）墙地面暗管安装,墙地面开槽要顺直、无扭曲,开槽横平竖直,墙面不允许开 300mm 以上长度的横槽。混凝土墙面剔槽时,遇横向钢筋,可将钢筋弯曲让管线通过,严禁切断钢筋,预制梁柱和预应力楼板不得随意剔槽打洞,地面管道区不允许开槽、打眼。

2）开槽时必须使用切割锯按照墨线切到预定深度,然后使用錾子提出孔槽,穿墙孔洞需加金属套管。

3. 断管下料、管路敷设、卡压连接

1）确定每段管子长度下料,用手动切管器下料,下料时注意切口平齐无毛刺,并垂直于管轴线,管材、管件连接面必须清洁、无油污。

2）给水管道不得穿越烟道、风道、变配电间。塑料给水管道应远离明火,距炉灶外缘不得小于 400mm,给水管道穿越伸缩缝时,应根据使用材质采取有效的技术措施。

3）给水水平管道应有 2‰～5‰的坡度,坡向可以泄水的装置方向。不锈钢管的线膨胀系数较小,如非必要,一般不需采用防止管道变形的技术措施。

4）直埋式管道应采用卡压连接；与金属管或用水器连接时,应采用丝扣连接或法兰连接；明敷或非直埋管道采用卡压连接；$D_w \geqslant 75mm$ 的管道宜采用卡压连接或法兰连接。

5）不锈钢薄壁钢管的接头必须使用相配套的管件连接,用手动液压泵进行卡压连接,连接时要保证管与管保持同一轴线。所有管件应平直无歪斜,保持管材与管件卡压处处于同一轴线上。

6）卡压弯头或三通等有安装方向的管件时，应接图纸要求注意其方向，保证安装角度正确，然后把管材插入到管材所标识的插入深度处，调正调直，用工具把连接处卡压成型，确保期间管件连接处无松动或歪斜。

4. 安装步骤（图8-13~图8-20）

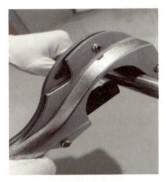
图8-13　切割管道

图8-14　去除毛刺

图8-15　检查密封圈

切割管道前先确认管道无损伤和变形，然后用旋转式管道切割器将管子按照施工尺寸垂直切断。

用不锈钢专用锉刀或角向磨光机去除管道切割后的毛刺和屑，并用纱布去除管子端部内外垃圾或异物，确保管子端部光滑平整、清洁、无油污。

检查管件内密封圈是否完好无损，并安装到正确位置。

图8-16　管端画线

图8-17　插入管子

图8-18　安装钳口

使用划线器在管端规定基准位处画线做记号，以保证管子插入长度。

将管子垂直插入管件内，并确保管子上画线标记距接头端面距离在2mm以内。

安装钳口，要确认所需型号钳口完全插入枪头，并将止动销推紧。

图 8-19　卡压连接　　图 8-20　测量检验

把卡压工具钳口的凹部对准管件内装有橡胶圈的凸部进行卡压作业。

卡压后用专用卡角量规检验卡压连接是否完好。整个管线安装完毕后应进行试压。

5. 管路固定

1）管道的固定：管道必须按不同管径和要求设置专用管卡或支托吊卡架。其位置应正确、合理、安装平直、牢固，不得损伤管材表面。采用金属卡架时，管卡与管材间应采用塑料或橡胶等软质材料隔垫。管道末端，各用水点处均应设置管卡架固定。

2）敷设在暗槽中的管线可用塑料胀栓和铜丝进行绑扎固定，绑扎松紧适当，不可用力过大。

3）室内暗敷管道安装完毕验收合格后，必须采用成品水泥砂浆将暗槽填平，填补时要注意，不可将管道填堵过于密实，最好留有部分余量，防止管道变形。

明装管道支撑固定点间距要求。

公称直径（DN）	10～15	20～25	32～40	50～65
水平管（mm）	1000	1500	2000	2500
立管（mm）	1500	2000	2500	3000

8.3　排水管线施工工艺

适用范围

适用于普通住宅的排水系统管道改造或新建安装工程。

8.3.1　施工准备

1. 现场准备

1）施工现场拆除工作完成并清理干净。

2）其他配合工种进场施工，施工水平线确定并弹好。

2. 材料准备

1）管材为硬质聚氯乙烯（UPVC）管材，同一厂家配套管件，粘接剂等材料。

2）管材、管件内外表面应光滑，无气泡、裂纹、管壁厚度符合标准且厚度均匀，色泽一致。

3. 工具准备

1）电动工具：切割机、电钻、电锤等。

2）手动工具：钢锯、手锤、羊毛刷。

3）水平尺、角尺、卷尺、线坠、小线、墨斗。

8.3.2 管线施工

厨卫的排水管线应符合下列要求：

1. 厨卫的接管要求选择管材、管径，并进行预留；

2. 当采用同层排水方式时，应按所采用厨卫的接管要求确定降板区域和降板深度，并应有可靠的防渗水措施；

3. 当采用异层排水时，在管道穿楼板处应采取设置止水环、橡胶密封圈等防渗水措施；

4. 从排水立管或主干管接出的预留管道，应靠近厨卫的主要排水部位；

5. 敷设管道的部位应保证有便于安装和检修的空间；

6. 预留管道宜选用与厨卫接管相匹配的材质和连接方式。当选用不同材质的管道时，应有可靠的连接措施。

8.3.3 施工流程

测量、放线→墙地面开槽→裁管下料、管路敷设、粘接→管路固定→闭水试验→通水试验→竣工验收。

8.3.4 施工工艺

1. 测量放线

依据施工图纸在墙、地面弹出墨线、标出剔槽、开孔位置、预留口位置等。

2. 墙地面开槽线

1）墙地面暗管安装，墙地面开槽要顺直，无扭曲，开槽横平竖直，墙面不允许开 300mm 以上长度的横槽。混凝土墙面剔槽时，遇横向钢筋,严禁切断钢筋,预制梁柱和预应力楼板均不得随意剔槽打洞，地面管道区不允许开槽、打眼。

2）开槽时必须使用切割锯按照墨线切到预定深度，然后使用錾子剔出孔槽，穿墙孔洞需加金属套管。

3. 裁管下料、管线敷设、粘接

1）确定每段管子长度下料，用切割锯或钢锯下料，注意切割口平齐，用铣刀或刮刀除掉裁口内外毛刺，断口端面外棱铣出15°的坡口。

2）管线粘接前应对管、管箍承插口先预先插入试验，不得全部插入，一般为承口的3/4深度。试插合格后，用干净抹布将承插口需粘接部位的水分、灰尘擦拭干净。如有油污需用丙酮清洗掉。用羊毛刷涂抹粘接剂，先涂抹承口后涂抹插口，随即用力垂直插入，插入粘接时将插口稍作转动，以利粘接剂分布均匀，然后立即将溢出的胶粘剂擦拭干净，粘结剂约30～60分钟即可粘接牢固。多口粘接时应注意预留口方向。粘接所有管件应平直无歪斜，保持管材与管件接口处于同一轴线上。

3）UPVC排水管道安装时，可采用铅丝临时吊挂，进行预安装，调整甩口坐标、位置、管道标高、坡度等符合设计要求后进行粘接，并及时校正甩口坐标位置、标高坡度。待胶粘剂固化后，安装专用固定支架固定，采用金属支架时，必须在与管外径接触处垫好橡胶垫片。

4）管线穿过墙壁的需要加设铁管，并加设防火阻隔。

5）UPVC管线安装坡度应符合下表要求。

项次	管径（mm）	标准坡度（‰）	最小坡度（‰）
1	50	25	12
2	75	15	8
3	110	12	6
4	125	10	5
5	160	7	4

4. 管线固定

1）管线的固定：管道必须按不同管径和要求设置专用管卡或支托吊卡架。其位置应正确、合理、安装平直、牢固、不得损伤管材表面。采用金属卡架时，管卡与管材间应采用塑料或橡胶等软质材料隔垫。管道末端，各用水点处均应设置管卡架固定。

2）敷设在暗槽中的管线可用塑料胀栓和铜丝进行绑扎固定，绑扎松紧适当，不可用力过大。

3）室内暗敷管道安装完毕验收合格后，必须采用成品水泥砂浆将暗槽填平，填补时要注意，不可将管道填堵过于密实，最好留有部分余量，防止管道变形。

穿墙部位需要支模浇筑水泥砂浆，封堵要严密。

4）明装管线支撑固定点间距要求。

管线直径（mm）	50	75	110	125	160
立管（mm）	1200	1500	2000	2000	2000
横管（mm）	500	750	1100	1300	1600

8.3.5 闭水试验

排水管道安装完成后，应按施工规范要求进行闭水试验。暗装的电管、立管、支管必须进行闭水试验。闭水试验应分层分段逐层进行试验标准，以一层结构高度采用橡胶球胆封闭管口，满水至地面高度，满水 10 分钟，再延续 5 分钟，液面不下降，检查全部满水管段管件，接口无渗漏为合格。

8.3.6 通水试验

平层房间无法做闭水试验的可通水试验，通水量不小于管内径截面的 3/4 且接口处无渗漏。

8.3.7 施工验收

在所有排水的设备、器具安装完毕后进行验收，填写验收单。

排水管线安装的允许偏差和检验方法

项目		允许偏差（mm）	检验方法
水平管线纵、横方向弯曲	每 1m	1.5	用水平尺、直尺、拉线和尺量检查
	全长（25m 以上）	不大于 38	
立管垂直度	每 1m	3	吊线和尺量检查

8.3.8 施工要点

1. 剔槽不得过深或过宽，混凝土楼板、墙等均不得擅自断筋损坏。
2. 穿过建筑物和设备处加保护套管，穿过变形缝处有补偿装置，补偿装置应平整、活动自如、管口光滑。
3. 安装时及时清理外溢胶粘剂，保持管材外观整洁。

4.粘接口必须按施工工艺要求施工,先擦净粘接部位,两面涂胶应均匀,不得漏刷,防止接口漏水。

5.地漏及地平管安装时,应按施工线找好地面标高,根据房间大小确定坡度,防止地漏过高或过低。

6.立管、地平管楼板处易渗漏,施工中应注意管洞的处理,并督促协助防水施工,避免渗漏。

9 电气安装工程

9.1 施工准备

9.1.1 特殊工种要求

1. 电气施工人员应按有关规定持证上岗。
2. 电气施工人员应按图纸施工,不得随意更改设计。
3. 电气材料、设备应符合设计图纸及国家相关规定,且属于强制认证(CCC)的产品。
4. 实际电路施工应准备,隐蔽工程记录和相关的施工工作日志等其他一些特殊工种的技术资料。

9.1.2 电路进户线、电器位置确定

1. 确定步骤

1)依据住宅原结构平面图与客户沟通,了解其需求,包括:居住人群(是否有小孩、儿童等)、个人偏好,对电气设备的需求。
2)根据家具大致的摆放位置,确定电源插座位置及高度;与施工人员确认现场实际操作的可行性。
3)确定照明灯具位置、开关位置、弱电系统各信息使用点位置。

2. 各类住宅面积户型配电箱常规进户线规格

1)普通平层住宅进户线为 10 ~ 16mm^2。
2)复式、叠拼双层住宅进户线 16mm^2。
3)联排、别墅进户线为 25mm^2。

9.1.3 电路分支回路布置

1. 每套住宅应设置不少于1个照明回路,回路所带的灯具数量不应超过25个,电流不应超过16A。
2. 装有空调的住宅,应按空调台数及用电数量设置空调插座。柜式空调应单独设置一个回路。
3. 厨房应设置不少于一个电源插座回路。如:热水器、抽烟机、微波炉、电饭煲、饮水器、厨宝等。
4. 装有电热水器的卫生间、应布置不少于一个电源回路。如:卫生间常用的有浴霸灯具、小电功工具插座、电热水器。

5. 建议冰箱单应独设立一支回路。在其他分支跳闸时，电冰箱仍然通电。确保食物不化冻，冰箱化霜水不外溢。

6. 每一个电源回路，插座数量不宜超过 10 个。

7. 安装功率大于 2kW 设备、器材，应单独设置配电回路。

9.1.4 住宅电源、插座布置

1. 插座种类，常用的电源插座为：两孔插座、三孔插座、四孔插座、五孔插座。宜选择带安全门的插座（适用有儿童的家庭）。

2. 其他特殊性能电源插座：带开关插座、防溅盒插座、多功能插座。

3. 电源插座与家用电器的配合：金属外壳电器采用三脚插头（如：冰箱、电脑）。非金属外壳电器采用两脚插头（如：电吹风机、电视机、机顶盒等）。

4. 住宅电源插座普遍选择五孔插座，但业主和电工在选择电源插座种类时，应配合该区域常用的家电。

9.2 电管敷设施工工艺

9.2.1 适用范围

适用于电压 1kV 及以下无特殊规定的室内干燥场所，照明与动力配线的 PVC 电管、PVC 线盒以及钢管。采用明、暗敷设及吊顶内和隔墙内敷设工程，用于国家标准允许的各类电路电管组成电线保护路敷设。

1. 施工准备

施工现场拆除工作完成并清理干净。

2. 材料准备

1）管径 16mm PVC 或镀锌管、暗盒、各种配套连接管件、PVC 及镀锌固定卡。

2）PVC 线管必须符合 JG3050 的规定（阻燃型）。属线管无扁裂和锈蚀，即外观无伤损、变形，管内干净。

3）金属电管线因在运输中，发生损伤，受潮后，铺设时没有异常。但在墙体里一两年后，会发生锈蚀，锈斑损坏电线保护塑料层，线芯露出。造成漏电、断路事故。

3. 工具准备

1）电动工具：砂轮锯、电钻、电锤、开孔器。

2）手动工具：PVC 弯管弹簧及手扳弯管器、专用板子、活板子、钢锉、钢锯、半圆锉、钳子、水平尺、角尺、卷尺、线坠、小线、墨斗。

9.2.2 施工流程

1. 熟悉设计图纸、掌握技术要求，实测现场、了解房屋结构 →定位、弹线，标出各种面板实际安装位置→开槽、开盒孔，做重灯具预埋件 → 确认与电加热水器，中央空调电源位置→检查管线与暖气管、给排水管、污水管路无冲突 → 安装线管，穿线施工。做好安全防护→做隐蔽工程验收。需照相或摄像 → 管路开槽填埋、修复吊顶、封面板 → 安装强、弱点面板 →安装灯具、家用电器、用电设备 →电路负荷运行试验、检测 →完工后绘制强、弱电实际平面布置图。

2. 电气工程施工流程，只是表明流程内容，先后次序关系以及实际施工情况，可进行调整。按工地建筑施工组织设计进行合理安排。

9.2.3 施工工艺

1. 定位、放线

1）依据施工图纸在墙、地面弹线，标出剔槽孔位置。
2）动力线路和照明线路、弱电线路应分开敷设。

2. 开槽、开孔

1）墙地面暗管安装，墙地面开槽要顺直，无扭曲，开槽横平竖直，墙面不允许开300mm以上长度的横槽。混凝土墙面剔槽时，遇横向钢筋，可将钢筋弯曲让管线通过，严禁切断钢筋，预制梁柱和预应力楼板均不得随意剔槽打洞，地面管道区不允许开槽、打眼。
2）开槽时必须使用切割锯按照墨线切到预定深度，然后使用錾子剔出孔槽。

3. 弯管、箱盒预制安装

1）根据图纸加工好各种弯管、箱盒支架，箱盒支架使用扁钢或角钢制作。
2）直径20mm及以下PVC管使用弯管弹簧，弯曲管材弧度应均匀，不应有褶皱、凹陷、裂纹、死弯等缺陷。管径25mm及以下时，可使用手扳弯管器。将管子插入弯管器，逐步弯出所需角度；管径32mm及以下时，可使用液压弯管器。
3）套接紧定式钢电管管路弯曲时，弯曲管材弧度应均匀，焊缝处外侧。不应有褶皱、凹陷、裂纹、死弯等缺陷。切断口平整、光滑，管材弯扁程度不应大于管外径的10%。
4）电管管路暗敷设时，其弯曲半径不应小于管外径的6倍，埋入混凝土内平面敷设时，其弯曲半径不应小于管外径的10倍。
5）配电箱需提前固定，固定时需使用膨胀螺栓固定，严禁绑扎、用木楔子、塑料胀栓、直接焊结箱体等方法固定箱体。

4. 管路敷设

1）在布管时要保证线管的整齐美观，集中煨管的要统一角度，布管要求横平竖直，对管的固定间距不应超过1000mm，在管的末端固定不能超过300mm；接线盒两端宜在150～200mm处固定；软管的长度也不宜超过1000mm；所有管口用配套的塑料护口做好保护，不能有毛刺。

2）电管管路进入盒箱处，应顺直，且应采用专用接头固定牢固。

3）电管管路埋入墙体或混凝土墙内时，管路与墙体或混凝土表面净距不应小于10mm，套装紧定式钢电管管路暗敷设时，宜沿最近的路径敷设。

4）电管管路有下列情况之一时，中间应增设过线盒，以方便穿线的检查、更换：管路长度每超过30m，无弯曲；管路长度每超过20m，有一个弯曲；管路长度每超过15m，有两个弯曲；管路长度每超过8m，有三个弯曲。

5. PVC管路连接、交叉相遇，如图9-1～图9-3所示。

图9-1 电管接头刷胶　　图9-2 电管直通连接　　图9-3 交叉处用锡箔纸包裹

6. 套接紧定式钢电管管路连接

1）线管与接线盒，线管与配电箱必须用盒接连接牢固，且盒接的螺丝口以拧紧螺母后平齐为宜，接地良好，不能有松动现象。管与管之间倒完毛刺用直接接好并拧紧连接螺丝。

2）套接紧定式钢电管管路连接的紧定螺钉，应采用专用工具操作不应敲打、切断、折断螺帽，严禁熔焊连接。

3）套接紧定式钢电管管路连接处，两侧连接的管口应平整、光滑、无毛刺、无变形。管材插入连接套管接触应紧密，且应符合下列要求：直管连接时，两管口分别插入直管接头中间，紧贴凹槽处，用紧定螺钉定位后，进行旋紧至螺帽脱落。弯曲连接进，弯曲管两端管口分别插入套管接头凹槽处，用紧定螺钉定位后，进行旋紧螺帽脱落。

4）套接紧定式钢电管管路连接处，紧定螺钉应处于可视部位。

5）套接紧定式钢电管管路，当管径为32mm及以上时，连接套管每端的紧定螺钉不应少于2个。

6）套接紧定式钢电管管路连接处，管插入连接套管前，插入部分的管端应保持清洁，连接处的缝隙应有封堵措施。

7）套接紧定式钢电管管路与盒箱连接时，应一管一孔，管径与盒箱敲落孔应稳合。管与盒箱连接处必须使用管盒连接件，应采用爪型螺纹帽和螺纹管接头锁紧，不允许使用其他方法连接。两根及以上管路与盒箱连接时，排列应整齐，间距均匀。

8）套接紧定式钢电管管路敷设完毕后，管路固定牢固，连接处符合规定，线管端头应临时封堵。

9）暗敷设管线应尽量不用成品弯头。施工中遇有线路复杂、弯曲过多时可适当放大弯曲半径。

7. 跨接地线

1）电箱接出线管间用 $4mm^2$ 双色软线涮锡做好跨接地线，并保证接地有效，达到规定值，不大于 $4Ω$，跨接地线的固定采用专用固定卡子进行。

2）套接紧定式钢电管管路不应作为电气设备的接地线。

8. 线路电管固定

1）敷设在暗槽中的管线可用塑料胀栓和铜丝进行绑扎固定，绑扎松紧适当，不可用力过大（暗管）。

2）室内暗敷管道安装完毕验收合格后，必须采用成品水泥砂浆将暗槽填平，填补时要注意，不可将管道填堵过于密实，最好留有部分余量，防止管道变形（暗管）。

3）管道的固定：管道必须按不同管径和要求设置专用管卡固定。管道使用配套镀锌吊杆、镀锌卡、塑料胀钉、膨胀罗栓固定。管卡与管材间应采用塑料或橡胶等软质材料隔垫（PVC管固定须用专用管卡）。

4）套接紧定式钢电管管路明敷设时，固定点与终端、弯头终点、电器具或箱盒边缘的距离宜为 150～200mm。在管的末端固定不能超过 300mm；金属软管的长度不宜超过 1000mm。

5）套接紧定式钢寻管管路明敷设时，排列应整齐，固定点牢固，间距均匀。其最大间距应符合下表要求。

管径（mm）	16～20	25～32	40
固定间距（mm）	1000	1500	2000

9.2.4 施工要点

1. 剔槽不得过深或过宽，混凝土楼板、混凝土墙等均不得擅自切断钢筋。

2. 穿过建筑物和设备处加保护套管，穿过变形缝处有补偿装置，补偿装置应平整，活动自如、管口光滑。

3. 顶面无吊顶时灯移位，开槽不宜过深，开槽长度不大于 1500mm。开槽时不要与承重墙平行，两点间呈弧形开槽。

4. 对于墙面的壁灯及预留线，应把管煨弯至与墙面 45°左右与墙面垂直锯断（或放接线盒），管口与墙面平齐为宜，不允许凸出墙面。

5. 墙面埋设暗盒，电源插座底边距地宜为 300mm，开关面板底边距地宜为 1400mm，在同一墙面上保持同一水平线，同一房间内不允许偏差 5mm。

6. 电源线及插座与电视线及插座的水平间距不应小于 500mm。

7. 接线盒埋入位置要适当，超过 15mm 时，或者遇到护墙板等位置变深时应加装套盒。

8. 有集中空调、智能控制等用电设施施工时，严格按厂家要求埋设电管、电线至预留位置。

9. 塑料 PVC 线管管卡固定间距为 800mm。

10. 塑料 PVC 线管使用 PVC 专用胶连接。

11. 用 4mm^2 以上的电线使用直径 20mm 的 PVC 线管。

9.2.5 安全要求

1. 当电管在地板采暖的地面内敷设时，应敷设在采暖热水管的下面；当必须在其上面敷设时，应采取隔热措施。电气管路明敷设时，与暖气、燃气管路之间平行间距不小于 0.3m，交叉时不小于 0.1m。

2. 电管与电气器具可采用金属软管连接，但两端应有专用接头，连接牢固、不松动。

3. 接线盒在可燃物体（玄关柜带灯具）安装时，应采取隔热防火措施。

4. 配电线（强电管）路与信息线（弱电管）路的间距，若使用非屏蔽电缆或穿非金属管路敷设时，平行线路大于 35m 时，在末端 15m 以外应采取分隔措施。如：分割间距 30mm。

9.3 电路穿线施工工艺

9.3.1 适用范围

适用于室内照明、插座配线工程的电管内穿线工程。

1. 施工现场准备

塑料线管、镀锌钢管在穿线前，应首先检查各个管口的护口是否齐全，如有遗漏和破损，应补齐或更换。

2. 材料准备（图9-4、图9-5）

1）绝缘电线、穿线钢丝、接线端子、接线帽、焊锡、焊剂、塑料绝缘胶布。

2）电气材料规格、型号符合设计要求。符合国家相关行业的标准规定。

3）电气材料外观检查，包装应完好，不应有破损。附件、备品、备件、装箱单、产品说明书等齐全。

图9-4　电线产品　　　　　图9-5　电线

3. 工具准备

1）手动工具：克丝钳、尖嘴钳、剥线钳、压线钳、电烙铁。

2）各种规格的一字、十字改锥、电工刀、万用表、兆欧表。

3）绝缘手套、工具袋、高凳、人字梯等。

9.3.2　施工流程

配线→穿带线→放线与断线→带线与电源线的连接→管内穿线、管口带护口→电线连接→线路绝缘摇测→隐蔽工程验收。

9.3.3　施工工艺（图9-6～图9-8）

1. 配线

1）根据设计图纸选择电线的规格、颜色。

2）相线、零线及保护线的线皮颜色加以区分，符合规范要求。

相线（L）一般使用红色、绿色、黄色；零线（N）一般使用蓝色线；控制线一般使用白色；保护线（PE）一般使用黄绿双色线。

2. 穿带线

带线作为电源线的牵引线，先将钢丝的一端用钢丝钳弯回成弯钩，将钢丝弯钩一端穿入管内，边穿边将钢丝顺直。如不能一次穿过，再从另一端以同样的方法将钢丝穿入。根据穿入的长度判断两头碰头后再搅动钢丝。当钢丝头绞在一起后，再抽出一端，将管路穿通。

3. 放线与断线

1）放线前应根据施工图对线管的规格、型号进行核对，并用对应电压等级的摇表进行通断摇测。

2）剪断电线时，电线的预留长度应按以下四种情况预留。

a. 接线盒、开关盒、插座盒及灯头盒内的电线的预留长度应为 150mm。

b. 配电箱内电线的预留长度应为配电箱体周长的 1/2。

c. 出户电线的预留长度应为 1500mm。

d. 公用电线在分支处，可不剪断电线而直接穿过。

4. 带线与电源线的连接

1）当电线根数较少时，例如 3 根电源线时，可将电线前端的绝缘层剥去 50mm，然后将线芯与带线帮扎牢固，使绑扎处形成一个平滑的锥形过渡部位。

2）当电线根数较多或电线截面较大时，可将电线前端绝缘层剥去 50mm，然后将铜线芯依次绑扎在带线上，用绑线绑扎牢固，绑扎接头不宜过大，应使绑扎接头处形成一个平滑的锥形接头，减少穿线时的阻力，以便于穿线。

5. 管内穿线、管口带护口

1）穿线时，线管两端工人应配合协调，一人拉动带线，一人理顺电源线借助带线的力量将电源线送进电管，严禁野蛮用力拉扯造成电源线破损。

2）穿线时应注意同一回路的电线必须穿同一管内。不同回路、不同电压、交流与直流电线不得穿入同一管内。同一设备或同一设备的回路和无特殊干扰要求的控制回路，同一花灯的几个回路可穿入同一管线。电源线与电话线、电视线、网线、音响线不得穿入同一根管内。电源线及插座与电视线及插座的水平间距不应小于 500 mm。管内电线不允许有接头、打折扭曲现象。

3）线管内穿线不超过管截面的 40％，电线间和电线对地间的电阻值必须大于 0.5MΩ。

4）穿线完毕检查护口，松脱的护口更换合适的护口，缺失的补齐。

6. 电源线的连接

1）电源线的连接要遵守"三不变原则"，即"电源电阻不变，机械强度不变，绝缘等级不变"。

2）所有电线的接头必须在接线盒内接，并按规定使用接线端子，根据电线的根数和总截面选择相应的接线端子保证绝缘良好，电线不能有损伤。

3）绞丝铜电线与单芯电线连接时必须涮锡。铜电线绞接连接时，电线的缠绕圈数不少于 5 圈。

4）配电箱内配线要整齐美观，相序正确醒目，线头压接牢固，零排地排每个端子不允许超过两根电线，压线方向正确，禁止不同规格的电线和两根以上的电线不经处理直接压接在断路器上。

7. 线路绝缘遥测

线路的绝缘遥测一般选用500V，量程为0～500MΩ的兆欧表。电气器具未安装前进行线路绝缘遥测时，照明线路将灯头盒内电线分开，开关盒内电线联通。分别将相线、零线、接地保护线及金属线管相互进行遥测，遥测时应及时进行记录，摇动速度应保持120r/min左右，读数应采用1min后的读数为宜。

8. 隐蔽验收

线路施工完毕后，即可进行隐蔽工程的验收，包括绝缘遥测、线管固定等，并填写隐蔽验收单。

图9-6　线管转弯处使用弯管器

图9-7　穿线不大于40%截面积

图9-8　电在上、水在下铺设

9.3.4　施工检查

1. 复查电线的规格、型号必须符合设计要求和国家标准规定。

2. 检查时质量均应符合以上工艺要求。

3. 照明线路的绝缘电阻不小于0.5MΩ，动力线路的绝缘电阻值不小于1MΩ。

检查方法：实测或检查绝缘摇测记录。

4. 管内穿线：盒箱内清洁无杂物，护口、护线套齐全无脱落。电线排列整齐并留有适当的余量，电线连接牢固，包扎严密，绝缘良好，不伤线芯。

5. 保护接地线、中性线、相线截面选用正确，颜色符合规定，连接牢固紧密。

检验方法：观察检验。

6. 检查电线截面。

检验方法：观察检查或用卡尺测量。

9.3.5　施工要点

1. 照明及插座用标准2.5mm^{2}线，空调专用插座用4mm^{2}线或遵循设计要求。

2. 配电箱应根据室内用电设备的不同功率分别配线供电，大功率用电设备应独立配线安装插座。

3. 线路改造完还未安装插座、开关面板等用电设备，施工现场不允许有裸露的线头。所有线头必须用接线端子封闭。

9.4 开关、插座、灯具等安装施工工艺

9.4.1 适用范围

适用于室内照明、插座、开关等安装施工。

1. 施工现场准备

1）施工图纸，明确各个插座、开关、灯具的相互关系。
2）其他装饰工程基本结束。

2. 材料准备

1）各种开关、插座、灯具等电器。
2）接线端子：应根据电线的根数和总截面选择相应的接线端子。
3）辅助材料：防水胶布、焊锡、焊剂、镀锌螺丝。

3. 工具准备

1）手动工具：克丝钳、尖嘴钳、剥线钳、压线钳、电烙铁、电钻、电锤。
2）各种规格的改锥、电工刀、万用表（图9-9）、兆欧表（图9-10）、电源极性检测器（图9-11）、水平尺。
3）绝缘手套、工具袋、高凳、人字梯、白线手套等。

图 9-9 万用表　　图 9-10 兆欧表（摇表）　　图 9-11 电源极性检测器

9.4.2 施工流程　接线盒清理、检查→接线、安装→检测、通电试验

9.4.3 施工工艺

1. 接线盒清理、检查

1）检查预留线盒位置，如有偏差及时进行改正。接线盒埋入较深，超过15mm时，应加装套盒。
2）用一字改锥或錾子轻轻地将暗盒内残留的水泥、灰块等杂物剔除，用小

号油漆刷将接线盒内杂物清理干净。接线盒内不允许有水泥块、腻子块、灰尘等杂物，新开孔或镀锌表面有破损的应满刷防锈漆。

2. 接线、安装

1）所有电线的接头必须在接线盒内接，并按规定使用接线端子，保证绝缘良好；电线不能有损伤。

2）先将盒内电线留出维修长度后剪除余线。用剥线钳剥出适宜长度，以刚好能完全插入接线孔的长度为宜。对于多联开关需分支连接的应采用接线端子。

3）注意区分相线、零线及保护地线，不得混乱。

4）安装面板：三孔插座连线为蓝线（零线）在左，红线（相线）在右，黄绿线在上。二孔插座连线为蓝线在左或下，红线在右或上。连接开关、螺口灯具电线时，相线应先接开关，开关引出的相线接在灯中心的端子上。安装面板：三相四孔及三相五孔插座的接地（PE）或接零（PEN）接在上孔。插座的接地端子不应与零线端子连接。同一场所的三相插座，接线的相序一致。

5）所有的电源插座必须通过漏电保护器连接。潮湿环境所有用电设备外壳均应与等电位端子有效连接。

6）暗装的插座面板紧贴墙面，四周无缝隙。安装牢固手扳无晃动，表面光滑整洁、无碎裂、划伤、装饰帽齐全。无特殊要求，同一室内插座安装高度一致。地插座面板与地面齐平或紧贴地面。盖板固定牢固，密封良好，安装水平。

7）开关安装位置便于操作，无特殊要求开关边缘及距门框边缘的距离15~20mm，开关距地高度1.4m。相同型号并列安装及同一室内开关安装高度一致，且控制有序不错位。暗装的开关面板紧贴墙面，四周无缝隙，安装牢固手扳无晃动。表面光滑整洁，无碎裂、划伤、装饰帽齐全，安装水平。

8）灯具安装，根据设计要求进行，其中房间内主灯在无设计或业主特殊要求，安装在房间正中央，方形灯具的边必须与主墙面平行。灯具固定点数量及位置应按灯具安装说明要求，一般底座直径≤75mm时为一个，底座直径75mm以上时至少有两个固定点，固定使用塑料胀栓或膨胀螺栓。当吊灯自重在3kg以上时，应先在楼板上安装预埋件或吊筋，而后将灯具固定预埋件或吊筋上，严禁安装在木楔、石膏板或吊顶龙骨上。

9）安装水下及潮湿环境的灯具，灯具的可接近裸露电体必须有可靠接地，并应有专用接地螺栓，且有标识，灯具电源的专用漏电保护器应灵敏可靠。

10）安装灯具、插座面板时必须佩戴电工白色线手套，以免汗渍、油渍等粘到灯具上面。

3. 通电试验

灯具安装完毕后，要经过满负荷通电试验，即将室内所有灯具打开，满负荷运转24小时后，检查线路无问题，填写验收报告。

9.4.4 施工检查（图9-12～图9-14）

1. 检查验收时质量均应符合以上工艺要求。
2. 安装面板：三孔插座连线为蓝线（零线）在左，红线（相线）在右，黄绿线在上。二孔插座连线为蓝线在左或下，红线在右或上。三相四孔及三相五孔插座的接地（PE）或接零（PEN）接在上孔，插座的接地端子不应与零线端子连接。同一场所的三相插座，接线的相序一致。连接开关、螺口灯具电线时，相线应先接开关，开关引出的相线接在灯中心的端子上。使用专用验电器进行检验。
3. 检查开关箱内各接线端子连接是否正确可靠。
4. 断开各回路电源开关，合上总进线开关，检查漏电测试按钮是否灵敏有效。
5. 所有照明灯具均应开启、关闭灵活、开关断相线。

图9-12　电路内电线分色　图9-13　电源底盒完成穿线　图9-14　电源面板接线图示

9.4.5 施工要点

1. 开关必须断相线。
2. 作业时应注意墙面的保护，不得污损。
3. 原用电设备带有插头（例如换气扇）严禁剪断插头直接与电源连接，必须设置电源插座。
4. 安装插座面板或灯具时电线留出适当的长度削出线芯进行涮锡。
5. 潮湿环境安装开关、插座使用防水、防溅面板，或加装防水、防溅保护盖。
6. 厨房、卫生间内金属上下水管等设备通过等电位联结线与局部等电位端子板连接。连接时抱箍与管道接触处的接触面表面须刮拭干净，安装完毕后刷防锈漆。等电位联结线采用 BV-1×4mm² 铜电线。

9.5 住宅智能化系统

9.5.1 住宅智能化布线原则

适应为主，适当超前。

1. 住宅配线箱

每套住宅应设置住宅配线箱。配线箱内根据住户需要安装电视模块、语音模块、数据模块、光纤模块、音响模块、物业模块、保安监控模块。

2. 住宅配线箱安装位置：宜暗装在户内门厅或起居室便于维修维护处，箱底宜距地 0.5m。

3. 住宅配线箱内应预留 AC 220V 电源，并宜采用单独回路供电。

4. 上网方式：宜采用有线为主，无线为辅。

9.5.2 信息插座布置

1. 信息插座种类选择

信息插座宜选用双位信息插座面板。

凡安装语音接口的位置宜预留数据接口位置，凡安装电视接口的位置宜预留数据接口。

2. 信息插座的高度

插座底边离地面宜 0.3 ~ 0.5 m，并应与电源插座安装高度保持一致。

3. 信息插座位置

依据信息智能设备、器材使用区域位置进行布线。智能系统的路由器，线管铺设要考虑与结构墙面的关系。和强电布线、给排水管路之间的配合，以及管线之间的关联性。即在安全使用的前提下，铺设使用方便，又不产生电磁波干扰。

4. 住宅智能化系统布线分为基础配置、中级配置两种类型。每种类型插座面板见下表。

信息插座配置表说明

房间	基础配置			中级配置/智能配置			
	信息插座	电视插座	光纤插座	信息插座	电视插座	光纤插座	影音分配和背景音乐插座
主卧室	2	1	按需	2	1	按需	按需。联排、别墅应请智能化工程公司，进行整栋建筑综合设计
次卧室	1	1		2	1		
书房	1	1		2	1		
客厅	1	1		1	1		
餐厅	按需	1		1	1		
卫生间	—	—		—	1		

10 装修工程质量问题解析

10.1 水电工施工项目

10.1.1 水电路布线问题（图10-1）

图 10-1

问题描述：水路电路敷设在一个管槽。违规操作必须整改。

产生原因：施工人员为省时、省事、容易发生违规水电同槽施工操作。

产生危害：发生水路渗水时，渗入电管有可能会使整面带电。很容易发生人员触电事故。

预防措施：加大管理力度和强化教育，讲明意外触电的危害性。

10.1.2 水路的管口突出墙面尺寸问题（图10-2）

图 10-2

问题描述：水管固定时，进水口凸出墙面过多。

产生原因：a. 水工施工不规范，有随意性。
　　　　　b. 操作工人施工技术不过关。
产生危害：龙头扣盖或三角阀等安装不能紧靠墙面，严重的会影响外观。
预防措施：提高施工单位操作人员操作技能。

10.1.3　水电管路固定点较少问题（图10-3）

图 10-3

问题描述：施工工艺执行不严格。没有按工艺标准距离进行固定。
产生原因：a. 水电工施工不规范。
　　　　　b. 有偷工嫌疑。
　　　　　c. 施工单位工艺要求不严格，操作人员没有进行自检。
产生危害：长时间使用，有可能产生管路下垂，发生质量隐患。
预防措施：加大施工工艺教育，进行必要的整改。

10.1.4　强弱电交叉电磁干扰隐患（图10-4）

图 10-4

问题描述：不符合工艺标准。应用锡箔纸包裹并做过桥弯工艺处理。

产生原因：a. 现场偷工减料。
　　　　　b. 施工者不专业。
产生危害：电流通过都会产生磁场，强弱电交叉会引起电流干扰，导致网络变差，或者说电视清晰度不够等。
预防措施：加大教育培训和管理措施。

10.1.5　墙体电管开横槽安全隐患（图10-5）

图 10-5

问题描述：已按每平方造价收费，偷工减料后，切断钢筋危害墙体安全。
产生原因：a. 现场施工为了图方便，省材料。
　　　　　b. 野蛮施工，对装修规范不重视、不了解。
产生危害：对整个墙体结构的承重安全产生影响，可能会引起房屋承重结构产生重大隐患。
预防措施：加大教育培训和管理措施。

10.1.6　布线施工工艺优劣对比举例（图10-6、图10-7）

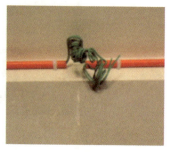

图 10-6　正确电路布线、电线分色　　图 10-7　违规电路布线施工

10.1.7 接线盒施工工艺、材料对比举例（图10-8、图10-9）

图10-8 合格材料、正确施工工艺

图10-9 不合格材料及违规工法

10.2 木工施工项目

10.2.1 吊顶龙骨材料变形缺陷（图10-10）

图10-10

问题描述：吊顶中轻钢龙骨造型顶钢、木混用。
产生原因：装修现场有板材材料，省事施工方便。
产生危害：木龙骨会容易发生收缩变形，使吊顶石膏板开裂。
预防措施：加大教育培训和管理措施。

10.2.2 吊顶拐角封石膏板开裂缺陷（图10-11）

图 10-11

问题描述：吊顶拐角石膏板，没做L形状套裁。
产生原因：操作人员施工图省事，施工水平低。
产生危害：吊顶拐角有拼缝，腻子受收缩影响，有可能发生拐角开裂。
预防措施：开展教育培训和强化管理措施。

10.2.3 做凹凸造型吊顶石膏板封板问题（图10-12）

图 10-12

问题描述：吊顶石膏板未先封侧板，再封底板，（不是底板托侧板）。
产生原因：操作人员没有经过正规学习技术，不熟悉施工工艺先后流程。
产生危害：吊顶石膏板茬口，不易刮腻子、不易打磨平整、严重影响边角外观光滑、平整。
预防措施：开展工艺教育培训和强化管理措施。

10.3 瓦工施工项目

10.3.1 水泥砂浆找平开裂问题（图10-13）

图 10-13

问题描述：干燥后水泥砂浆平面，出现不规则、放射性明显裂纹。
产生原因：a. 搅拌不充分、水泥含量比例少。有偷工减料嫌疑。
　　　　　b. 水泥砂浆层，可能过薄，少于2cm。
　　　　　c. 开裂下面有管路，找平时没有"赶平压实"。
产生危害：强度不达标。
预防措施：加大教育措施和施工工艺培训。

10.3.2 地面找平严重空洞质量问题（图10-14）

图 10-14

问题描述：水泥砂浆地面，出现起皮露出砂子，手动轻扣出现砂子空洞。
产生原因：a. 搅拌不均。明显水泥成分过少，为降低材料成本。
　　　　　b. 找小工操作"和灰"，不懂水泥砂浆搅拌和灰要求和操作工艺。
产生危害：强度不达标，铺装地板后，地板缝隙可能会起砂、翻砂。

预防措施：加大教育管理力度，需返工维修。

10.3.3 瓦工工具配备缺乏问题（图10-15、图10-16）

图10-15

图10-16

问题描述：没有使用开孔器开孔，开孔粗糙。
产生原因：操作人员属于初级个体性质队伍，不具备承接装修项目的实力。
产生危害：瓷砖有可能从开孔处开裂，个别裂纹稍长影响外观。
预防措施：提前考察装修单位，严格筛选合格，选用有实力的装修单位。

10.3.4 墙砖与地砖交接压缝问题（图10-17）

图10-17

问题描述：没有执行墙砖压地砖工艺。
产生原因：施工单位属于初级性质队伍，工人没有培训学习，不了解正规工艺。
产生危害：交接缝大小不一，影响瓷砖勾缝，整齐、均匀。工艺水平低下。
预防措施：加大工艺教育和施工工艺培训措施。

10.3.5 墙面瓷砖铺贴瑕疵（图10–18）

图 10–18

问题描述：不了解墙面排砖工艺、窄边瓷砖宽度不应小于整块宽度的 1/3。
产生原因：工人没有经过正规学习培训，裁切有不规范。
产生危害：影响墙面瓷砖整体外观性，显示工艺水平低下。
预防措施：强化工艺培训措施。

10.4 油工施工项目

10.4.1 墙面起泡问题（图10–19）

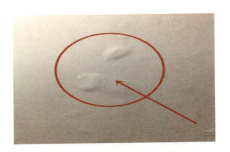

图 10–19

问题描述：混入涂料中的气泡在涂装时没有完全跑出。这小气泡在涂膜表面鼓起形成气泡、小洼坑等。
产生原因：a. 底层未处理好。
　　　　　b. 墙面在刮腻子之前没辊界面剂。
　　　　　c. 墙面用腻子品质差。

　　　　d.腻子没干透时就刷涂料。
　产生危害：严重影响美观，修补费工、费时。
　预防措施：检查腻子质量，严格按工艺操作，加大基础技术培训。

10.4.2　墙面乳胶漆露底缺陷（图10-20）

图10-20

　问题描述：涂刷后，漆膜无质感，无光泽，被刷墙面没有完全被白色遮盖住。
　产生原因：a.稀释剂掺入过多，使用劣质乳胶漆。
　　　　　　b.为省料，对水比例过大。
　　　　　　c.涂刷遍数少，不是按工艺一底二面。没按产品说明书的涂刷规定。
　产生危害：影响墙面漆外观，有时会反映墙面有花、有暗条斑。
　预防措施：在施工中应选择含固量高、遮盖力强的产品。严格控制兑水比例。如发现透底，应增加面漆的涂刷次数，以达到墙面要求的涂刷标准。

10.4.3　墙面起裂纹缺陷（图10-21）

图10-21

　问题描述：漆膜出现像起径一样的凸裂纹。
　产生原因：a.腻子披挂次数之间干燥时间没控制好，时间过短或过长。
　　　　　　b.环境温度较低，油漆品质不稳定，耐气候性能弱。

c.某遍乳胶漆涂刷不均,有局部过薄、过厚。

产生危害:影响美观、需修补。

预防措施:施工温度过低,达不到乳胶漆的成膜温度而不能形成连续的涂膜;基层处理不当:如墙面开裂而引起的涂膜开裂;涂刷第一道涂层过厚又未完全干燥即涂第二道,由于内外干燥速度不同,引起涂膜的开裂。按严格施工温度、施工工艺进行操作。

预算报价篇

1 报价体系原则

1.1 预算报价

1. 编写依据：

按国家标准《住宅装饰装修工程施工规范》GB 50327，采用的描述施工工艺的方法，编写报价中的工艺做法。

2. 目前，国内住宅装饰装修工程统一参考预算报价，由于受到地区不同的影响，各个城市经济发展不同。所以，在装修材料上，人工取费上，相关机构和管理部门，没有制定统一的装修预算定额报价。均是由各地自行制定，发布本省、市的装饰装修预算报价。本书编写的住宅装饰工程预算报价，是在当前住宅装修预算定额的几百个子项目中，筛选出来的一百多个常用项。

全国各地住宅装饰装修施工企业，可以依据本城市的建筑材料、人工费、管理费的基础上，可以进行必要的子项目的补充、增加。

1.2 编写报价体系参考城市

1. 在编写过程中，参考北京、上海、广州、深圳、南京、杭州、天津、昆明、成都、重庆、长沙、西安、郑州、沈阳、佛山、珠海、宁波、大连等城市装修公司的住宅装修预算报价。

2. 由于南北方地区住宅装修材料、工艺、工法以及称谓、叫法、名字会有差异，但大部分还是相同、相通的。

3. 项目综合单价，由于南北区域跨度大，人工费高低不同。所以，编写只是给出了一个范围。例如：室内装修铺砖项目，我国西北地区城市地砖铺贴在 30～38 元每 m^2，墙砖铺贴在 35～48 元每 m^2 左右；北、上、广、深报价地砖铺贴在 50～68 元每 m^2，墙砖铺贴在 55～75 元每 m^2。价差还是比较悬殊。

4. 报价体系主要包含：基础施工项目，水电施工项目，瓦木施工项目，配套装饰施工项目。

1.3 其他说明

1. 社会上部分城市住宅装修套餐式报价，它是依据住宅建筑面积，进行综合折算报价的一种方式。可从七、八百元到一千几百元每平方米，分为 3～4 个报价等级。结合当地城市人工费、材料费、产品档次等作为核算基础报价。住宅套餐装修报价中，常常将水电项目报价另行计算。

2. 在"预算报价"中给出为住宅装饰装修项目参考价。"税金"是单独另行计算。其中，预算报价受人工、材料每年递增上涨因素影响较大。

3. 对于别墅、四合院采用高级施工工艺报价，不包含在本书预算报价内。

1.4 北京、上海、广东装饰预算定额书籍的推荐

1. 北京市房屋建筑与装饰工程预算定额
2. 上海市建筑和装饰工程预算定额
3. 广东省建筑与装饰工程综合定额

2 预算报价（2018年度制表）

2.1 基础施工项目预算报价

序号	项目名称	单位	单价（元）	工艺做法、材料说明
	一、厅房阳台			18项
1	刷界面剂	m²	6~10	1. 清理原墙顶面基层； 2. 涂刷界面剂一遍封底； 3. 封闭底面，增强粘结力； 4. 工程量按实际面积计算
2	底层石膏顺平	m²	18~25	1. 阴阳角顺直处理； 2. 批刮底层石膏1~2遍，找平厚度≤15mm； 3. 质量标准为顺平顺直，原基层平整度≤2cm时，验收标准平整度≤5mm； 4. 垂直度不检测。门、窗洞口面积减半计算
3	批刮耐水腻子	m²	25~38	1. 批刮耐水腻子2~3遍，批刮厚度≤3mm； 2. 腻子干燥后用120~320目砂纸打磨平整； 3. 若遇砂灰墙、外墙内保温及基层质量差的墙体，须满贴网格布或的确良布时费用另计； 4. 门、窗洞口面积减半计算
4	挂网格	m²	12~15	1. 石膏找平时，将专用网格嵌入墙面； 2. 网格搭接宽度5~10cm； 3. 网格可减少开裂发生的可能性，但不能完全杜绝墙面开裂
5	贴墙布	m²	22~30	1. 使用环保白乳胶粘贴； 2. 墙布间隔缝隙不大于2cm； 3. 墙布（棉化纤白布）可有效减少开裂发生的可能性，但不能杜绝墙面开裂
6	墙面阳角处理	m	25~35	1. 非瓷砖墙面阳角预埋专用PVC阳角条； 2. 增强阳角强度
7	顶面粘石膏素线铺装	m	20~25	1. 快粘粉点粘，间距不大于30cm； 2. 普通国产石膏素线（甲供），线宽不超过10cm； 3. 拼花、造型及甲方指定品牌价格另计
8	顶面粘石膏素线	m	30~40	1. 快粘粉点粘，间距不大于30cm； 2. 普通国产石膏素线，（乙供）线宽不超过10cm； 3. 拼花、造型及甲方指定品牌价格另计

续表

序号	项目名称	单位	单价（元）	工艺做法、材料说明
9	顶面粘石膏凹凸花线铺装	m	22~27	1. 快粘粉点粘，间距不大于30cm； 2. 普通国产石膏凹凸花线（甲供），线宽不超过12cm； 3. 甲方指定高档品牌价格另计
10	顶面粘石膏凹凸花线	m	35~45	1. 快粘粉点粘，间距不大于30cm； 2. 普通国产石膏凹凸花线（乙供），线宽不超过12cm； 3. 甲方指定高档品牌价格另计
11	刷乳胶漆（人工费）	m²	10~18	1. 人工费，刷内墙乳胶漆底漆一遍、面漆两遍，乳胶漆甲供； 2. 滚涂工艺，表面不得有透底、漏刷、流坠、坑点、麻面等缺陷，喷涂费用另计； 3. 门、窗洞口面积减半计算； 4. 乳胶漆颜色不超过三种（含白色），每增加一种颜色每套居室另加150元； 5. 基层处理费用另计
12	地面刷地锢	m²	6~12	1. 清理地面； 2. 环保型地固一遍； 3. 防尘、防止地面起砂，增强水泥砂浆粘结力； 4. 工程量按实际面积计算
13	地面水泥砂浆找平	m²	30~40	1. 地面清理干净（适用于铺装地板前，基层的处理）； 2. 国标32.5普通硅酸盐水泥，砂浆配比1:3； 3. 厚度≤30mm，大于30mm时每增加10mm加10~12元； 4. 平整度≤3mm
14	地砖铺装（正方形）（边长≥300mm≤800mm）	m²	55~65	1. 清工辅料费，不含主材及勾缝剂； 2. 国标32.5水泥砂浆铺贴； 3.（边长≥300mm≤800mm）（正方形）； 4. 如进行斜铺、拼花等特殊铺装，费用另计
15	地砖铺装（正方形）（边长=800mm）	m²	55~70	1. 清工辅料费，不含主材及勾缝剂； 2. 国标32.5水泥砂浆铺贴； 3. 边长=800mm（正方形）； 4. 如进行斜铺、拼花等特殊铺装，费用另计
16	地砖波打线、铜条铺装	m	30~40	镶铜条（甲供）、波打线（甲供）铺装
17	踢脚板（瓷砖）	m	25~35	1. 甲方提供地砖配套踢脚线； 2. 清理原墙面，水泥砂浆或腻子铺装； 3. 国标32.5水泥、中沙，铺完后勾缝处理

续表

序号	项目名称	单位	单价（元）	工艺做法、材料说明
18	地砖勾缝（填缝剂）	m²	12～16	1. 清理瓷砖表面及接缝处水泥砂浆余料； 2. 普通白水泥勾缝，不收费； 3. 专用高档美缝剂甲供
	二、厨房		7项	
1	墙面水泥砂浆找平	m²	38～48	1. 原墙空鼓部位需全部铲除，32.5普通水泥砂浆找平； 2. 厚度不超过30mm，超过30mm时，每增加15mm，加价12～15元/m²； 3. 不含挂钢丝网费用
2	墙面拉毛	m²	15～20	1. 界面剂（墙锢）可与水泥砂浆混合，使用专用滚刷处理墙面； 2. 人工及材料费用
3	墙砖镶贴（周长≥1200mm≤1800mm）	m²	55～75	1. 瓷砖粘结剂镶贴； 2. 墙砖规格：周长≥1200mm≤1800mm； 3. 基础找平、勾缝等费用另计
4	墙砖镶贴仿古砖	m²	65～85	1. 水泥砂浆镶贴，依据设计方案，另定砖缝宽度； 2. 墙砖规格周长≥600mm≤800mm； 3. 拼花、勾缝等费用另计
5	墙砖勾缝	m²	15～20	1. 清理瓷砖表面及接缝处后进行勾缝处理； 2. 专用美缝剂（甲供）
6	地砖铺装（正方形）（边长≥300mm≤800mm）	m²	55～70	1. 清工辅料费，不含主材； 2. 国标32.5水泥砂浆铺贴； 3. 边长≥300mm≤800mm（正方形）； 4. 如进行斜铺、拼花等特殊铺装，费用另计
7	地砖勾缝	m²	12～16	1. 清理瓷砖表面及接缝处水泥砂浆； 2. 含普通白水泥勾缝； 3. 专用美缝剂甲供
	三、卫生间		8项	
1	包厨卫立管（轻体砖）	根	300～400	1. 轻体砖、国标32.5普通硅酸盐水泥砂浆砌筑，立管展开尺寸不大于800mm； 2. 不含面层挂网、水泥砂浆抹灰费用； 3. 阀门、检查口处须预留检修口，洞口尺寸不大于250mm×250mm； 4. 按实际工程量计算，超出按比例加价
2	下水管隔声降噪处理	m	40～50	1. 专用吸音棉（泡沫海绵）包裹下水管； 2. 起降低噪音作用

续表

序号	项目名称	单位	单价（元）	工艺做法、材料说明
3	墙地面防水处理	m²	90～110	1. 基层清理干净，涂刷防水涂料两遍（参照产品工艺说明进行施工）； 2. 淋浴区由地面上返1800mm，脸盆处地面上返1500mm，其他部位上返300mm； 3. 做24小时闭水试验； 4. 按实际涂刷展开面积计算
4	墙砖镶贴 （1200mm≤周长≤1800mm）	m²	65～75	1. 品牌瓷砖粘结剂镶贴； 2. 墙砖规格1200mm≤周长≤1800mm； 3. 墙面拉毛、基础找平、斜铺、拼花、勾缝等费用另计
5	地砖铺装（正方形）（300mm≤边长≤800mm）	m²	60～70	1. 清工辅料费，不含主材及勾缝剂； 2. 国标32.5水泥砂浆铺贴； 3. 300mm≤边长≤800mm（正方形）； 4. 如进行斜铺、拼花、镶铜条（甲供）、波打线（甲供）等特殊铺装，费用另计
6	墙、地砖 勾缝剂勾缝	m²	12～16	1. 清理瓷砖表面及接缝处水泥砂浆余料； 2. 普通白水泥勾缝不收费； 3. 专用美缝剂（甲供）
7	过门石铺装	m	60～90	1. 主材甲供； 2. 水泥砂浆粘贴，长度90cm以内，超出按比例加价
8	地漏安装	个	10～25	1. 地漏甲供； 2. 如采用对角拼接工艺，加收30～40元/个
	四、拆除以及其他			8项
1	铲除原墙顶普通腻子	m²	8～15	1. 墙顶面普通腻子铲除，耐水腻子、油漆、涂料层铲除另计； 2. 基层处理、表面装饰工程另计； 3. 不含原墙顶面石膏层、水泥砂浆抹灰层铲除； 4. 垃圾清运至小区内指定地点，不含垃圾外运； 5. 工程量按实际面积计算
2	拆除原有墙砖	m²	35～45	1. 包括瓷砖及镶贴瓷砖时的水泥砂浆粘接层的铲除； 2. 垃圾清运至小区内指定地点，不含垃圾外运及后期基础处理； 3. 工程量按实际面积计算； 4. 不含镶贴瓷砖前原墙面水泥砂浆层的拆除

续表

序号	项目名称	单位	单价（元）	工艺做法、材料说明
3	拆除原有地砖	m²	35~45	1. 包括瓷砖及镶贴瓷砖时的水泥砂浆粘接层的铲除； 2. 垃圾清运至小区内指定地点，不含垃圾外运及后期基础处理； 3. 工程量按实际面积计算； 4. 不含镶贴瓷砖前原地面水泥砂浆层的拆除
4	垃圾清运（三居室）	套	500~750	1. 三居室（从楼上装修地点运至小区内指定地点，不含外运费）； 2. 旧房施工增加300元/户； 3. 如果无电梯，垃圾下楼另外收费每层楼加100元
5	材料搬运费（有电梯）	套	400~650	1. 指乙方配送的辅料搬运至施工现场的费用； 2. 不含非乙方配送的辅料及甲方自购的主材产品的搬运； 3. 如果无电梯，费用另计
6	材料搬运费（无电梯）	层×m²	5~10	1. 指乙方配送的辅料搬运至施工现场的费用； 2. 不含非乙方配送的辅料及甲方自购的主材产品的搬运； 3. 按套内面积计，不足100m²按100m²计算； 4. 如果有电梯，费用另计
7	成品保护费（铺保护膜）	m²	10~20	1. 适用于二次装修的项目，非施工区域或简单施工区域的成品保护，施工项目对地面或家居无损伤危险； 2. 铺专用保护膜一层； 3. 按现场需求，面积以实际发生为准
8	成品保护费（铺保护膜和保护板）	m²	35~50	1. 适用于二次装修的项目，施工区域的成品保护，施工项目对地面或家居有损伤危险情况； 2. 先铺专用保护膜一层，再铺一层3~5mm厚中密度板或多层板，主要为地面瓷砖或木地板的保护；含材料费、人工费； 3. 按现场需求，面积以实际发生为准

2.2 水电工程项目预算报价

序号	项目名称	单位	单价（元）	工艺做法、材料说明
1	水路改造（水管直径20mm）（明管）	m	55～65	1.PPR 管及管件（直径 20mm）； 2. 不含阀门、内外丝弯头、开关及上下水软管，不含开槽费用； 3. 改造后对管道进行打压处理； 4. 工程量按实际发生计算，不足一米按一米计算； 5. 全部水路改造数量小于 10 米时，价格上浮 30%
2	水路改造（水管直径25mm）（明管）	m	70～85	1.PPR 管及管件（直径 25mm）； 2. 不含阀门、内外丝弯头、开关及上下水软管，不含开槽费用； 3. 改造后对管道进行打压处理； 4. 工程量按实际发生计算，不足一米按一米计算； 5. 全部水路改造数量小于 10 米时，价格上浮 30%
3	水路改造（水管直径32mm）（明管）	m	80～95	1. PPR 管及管件（直径 32mm）； 2. 不含阀门、内外丝弯头、开关及上下水软管，不含开槽费用； 3. 改造后对管道进行打压处理； 4. 工程量按实际发生计算，不足一米按一米计算； 5. 全部水路改造数量小于 10 米时，价格上浮 30%
4	电路改造 2.5mm^2（明管布线）	m	35～45	1. PVC 线管及管件，2.5mm^2 电线； 2. 管内穿线数量不超过管内径 40%，不得有接头； 3. 工程量按实际发生计算； 4. 插座、灯头预留裸线按 15cm 计算； 5. 全部线路改造数量小于 20 米时，价格上浮 30%
5	电路改造 4.0mm^2（明管布线）	m	45～60	1. PVC 线管及管件，4.0mm^2 电线； 2. 管内穿线数量不超过管内径 40%，不得有接头； 3. 工程量按实际发生计算； 4. 插座、灯头预留裸线按 15cm 计算； 5. 全部线路改造数量小于 20 米时，价格上浮 30%

续表

序号	项目名称	单位	单价（元）	工艺做法、材料说明
6	电路改造 6.0mm² (明管布线)	m	55 ~ 70	1. PVC 线管及管件，6.0mm² 电线； 2. 管内穿线数量不超过管内径 40%，不得有接头； 3. 工程量按实际发生计算； 4. 插座、灯头预留裸线按 15cm 计算； 5. 全部线路改造数量小于 20 米时，价格上浮 30%
7	弱电线路敷设（明管）	m	35 ~ 45	1. PVC 线管及管件，国标弱电电线； 2. 管内穿线不得有接头、扭结； 3. 工程量按实际发生计算； 4. 插座预留裸线按 15cm 计算； 5. 全部线路改造数量小于 20 米时，价格上浮 30%
8	更换旧电线	m	30 ~ 40	原有管路内电线可以抽出来的情况下进行更换，无需重新布管
9	改造下水管（直径 50mm 以内 PVC 管）	m	65 ~ 80	1. 直径 50mm 以内 PVC 下水管及连接件安装； 2. 工程量按实际发生计算，不足一米按一米计算； 3. 悬空部分须用管卡固定； 4. 做保温、防结露处理每米另加 25 元
10	改造下水管（直径 110mm 以内 PVC 管）	m	120 ~ 130	1. 直径 110mm 以内 PVC 下水管及连接件安装； 2. 工程量按实际发生计算，不足一米按一米计算； 3. 悬空部分须用管卡固定； 4. 做保温、防结露处理每米另加 25 元
11	下水管隔声降噪处理	m	50 ~ 65	1. 专用吸音棉包裹下水管； 2. 起降低噪声作用
12	水表移位	项	260 ~ 320	1. 清工费，不含水表； 2. 需要协调物业停水
13	水电管路混凝土墙、地面开槽	m	25 ~ 35	1. 人工费； 2. 槽内并列 1 ~ 2 根管； 3. 工程量按实际发生计算
14	水电管路非混凝土墙地面开槽	m	20 ~ 30	1. 人工费； 2. 槽内并列 1 ~ 2 根管； 3. 工程量按实际发生计算
15	过墙洞	个	35 ~ 55	1. 人工费； 2. 孔洞直径 32mm 以下，墙厚小于 200mm； 3. 工程量按实际发生计算

续表

序号	项目名称	单位	单价（元）	工艺做法、材料说明
16	配电箱安装（暗装）	个	350～450	1. 非混凝土墙面开槽； 2. 配电箱内配件组装及调试； 3. 电箱及配件甲供
17	弱电箱安装（暗装）	个	350～450	1. 非混凝土墙面开槽； 2. 仅限于将弱电线引至弱电箱内； 3. 不负责弱电箱内设备安装及调试； 4. 弱电箱箱体及箱内设备配件甲供
18	配电箱安装（明装）	个	160～260	1. 配电箱内配件组装及调试； 2. 电箱及配件甲供
19	弱电箱安装（明装）	个	160～260	1. 仅限于将弱电线引至弱电箱内； 2. 不负责弱电箱内设备安装及调试； 3. 弱电箱箱体及箱内设备配件甲供
20	PPR 内外丝弯头、管件	个	25～45	1. PP-R 管件； 2. 改造后对管道进行打压处理； 3. 按照实际发生量计算
21	PPR 球阀（直径20mm）	个	90～100	1. PP-R 管件； 2. 改造后对管道进行打压处理； 3. 按照实际发生量计算
22	PPR 球阀（直径25mm）	个	150～170	1. PP-R 管件； 2. 改造后对管道进行打压处理； 3. 按照实际发生量计算
23	强弱电底盒安装（明）	个	10～15	1. 86PVC 型底盒明装； 2. 工程量按实计算
24	强弱电底盒安装（暗）	个	12～18	1. 非混凝土墙面开槽，快粘粉固定； 2. 86 型 PVC 底盒； 3. 工程量按实计算
25	强弱电底盒安装（暗）	个	15～20	1. 混凝土墙面开槽，快粘粉固定； 2. 86 型 PVC 底盒； 3. 工程量按实计算
26	强弱电面板安装	个	10～15	1. 人工费； 2. 面板甲供； 3. 工程量按实计算； 4. 弱电不负责信号调试工作
27	墙、地面防水处理	m²	80～95	1. 基层清理干净，涂刷德高防水涂料两遍； 2. 淋浴区由地面上返 1800mm，脸盆处地面上返 1500mm，其他部位上返 300mm； 3. 做 24 小时闭水试验； 4. 按实际涂刷展开面积计算

续表

序号	项目名称	单位	单价（元）	工艺做法、材料说明
28	灯具安装（平层）	户	300～450	1. 包含吸顶灯、灯带、射灯、筒灯的安装，不含浴霸、花灯、水晶灯； 2. 灯具甲供，顶面开孔，涨塞、自攻丝固定； 3. 超过3公斤灯具必须使用膨胀螺栓； 4. 限一室两厅一厨一卫，每增加一个功能间增加50元
29	灯具安装（复式）	套	800～1100	1. 包含吸顶灯、灯带、射灯、筒灯的安装，不含浴霸、花灯、水晶灯； 2. 灯具甲供，顶面开孔，涨塞、自攻丝固定； 3. 超过3公斤灯具必须使用膨胀螺栓
30	灯具安装（别墅）	套	2000～3000	1. 包含吸顶灯、灯带、射灯、筒灯的安装，不含浴霸、花灯、水晶灯； 2. 灯具甲供，顶面开孔，涨塞、自攻丝固定； 3. 超过3公斤灯具必须使用膨胀螺栓
31	洁具安装	户	400～550	1. 坐便、花洒、龙头、五金件安装； 2. 打孔处玻璃胶封闭处理； 3. 主材甲供； 4. 限一厨一卫，每增加一个功能间增加50元

不锈钢水管 住宅预算报价项目4项

不锈钢管及管件质量须符合国家标准规定：

《不锈钢卡压式管件组件 第1部分：卡压式管件》（GB/T 19228.1）、《不锈钢卡压式管件组件 第2部分：连接用薄壁不锈钢管》（GB/T 19228.2）、《不锈钢卡压式管件组件第3部分：O形橡胶密封圈》（GB/T 19228.3），卫生性能须符合《生活饮用水输配水设备及防护材料的安全性评价标准》（GB/T 17219）标准要求。

序号	项目名称	单位	单价	工艺做法、材料说明
1	给水管路（DN15）	m	85～88	1. 304不锈钢水管及管件（外径15.9mm×0.8mm）； 2. 薄壁不锈钢双卡压连接方式配专业卡压工具安装简便； 3. 不含阀门、内外丝弯头等管件、开关及上下水软管，不含开槽费用； 4. 改造后对管道进行打压处理； 5. 工程量按实际发生计算，不足一米按一米计算； 6. 不锈钢水管及管件须为同一品牌以免公差有异，采用GB/T 19228中Ⅱ系列标准，工作压力1.6MPa

续表

序号	项目名称	单位	单价	工艺做法、材料说明
2	给水管路（DN20）	m	95~98	1. 304不锈钢水管及管件（外径22.2mm×1.0mm）； 2. 薄壁不锈钢双卡压连接方式配专业卡压工具安装简便； 3. 不含阀门、内外丝弯头等管件、开关及上下水软管，不含开槽费用； 4. 改造后对管道进行打压处理； 5. 工程量按实际发生计算，不足一米按一米计算； 6. 不锈钢水管及管件须为同一品牌以免公差有异，采用GB/T 19228中II系列标准，工作压力1.6MPa
3	给水管路（DN25）	m	105~108	1. 304不锈钢水管及管件（外径28.6mm×1.0mm）； 2. 薄壁不锈钢双卡压连接方式配专业卡压工具安装简便； 3. 不含阀门、内外丝弯头等管件、开关及上下水软管，不含开槽费用； 4. 改造后对管道进行打压处理； 5. 工程量按实际发生计算，不足一米按一米计算； 6. 不锈钢水管及管件须为同一品牌以免公差有异，采用GB/T 19228中II系列标准，工作压力1.6MPa
4	给水管路（DN20）	m	125~128	1. 316L不锈钢水管及管件（外径22.2mm×1.0mm）； 2. 薄壁不锈钢双卡压连接方式配专业卡压工具安装简便； 3. 不含阀门、内外丝弯头等管件、开关及上下水软管，不含开槽费用； 4. 改造后对管道进行打压处理； 5. 工程量按实际发生计算，不足一米按一米计算； 6. 不锈钢水管及管件须为同一品牌以免公差有异，采用GB/T 19228中II系列标准，工作压力1.6MPa

不锈钢水管工装预算报价4项

不锈钢管及管件质量须符合国家标准规定：

《不锈钢卡压式管件组件 第1部分：卡压式管件》（GB/T 19228.1）、《不锈钢卡压式管件组件 第2部分：连接用薄壁不锈钢管》（GB/T 19228.2）、不锈钢沟槽式管件连接须满足《薄壁不锈钢卡压式和沟槽式管件》（CJ/T 152）标准要求。

序号	项目名称	单位	单价（元）	工艺做法、材料说明
1	管道井立管 （DN50-80）	m	80~180	1. 304不锈钢水管及管件（外径48.6×1.2mm-88.9-2.0mm）； 2. 薄壁不锈钢双卡压连接方式 专业工具简便安装； 3. 不锈钢水管及管件须为同一品牌以免公差有异，采用GB/T 19228中II系列标准，工作压力1.6MPa
2	给水管 （DN100-125）	m	200~300	1. 304不锈钢水管及管件（外径108×2.0mm-133×2.5mm）； 2. DN100以上口径的管材、管件采用沟槽式连接； 3. 不锈钢水管及管件须为同一品牌以免公差有异，采用GB/T 19228中II系列标准，工作压力1.6MPa
3	泵房管 （DN150-200）	m	350~520	1. 304不锈钢水管及管件（外径159×2.5mm-219×3.0mm）； 2. DN100以上口径的管材、管件采用沟槽式连接； 3. 不锈钢水管及管件须为同一品牌以免公差有异，采用GB/T 19228中II系列标准，工作压力1.6MPa
4	泵房管 （DN250-300）	m	650~950	1. 304不锈钢水管及管件（外径273×4.0mm-325×4.0mm）； 2. DN100以上口径的管材、管件采用沟槽式连接； 3. 不锈钢水管及管件须为同一品牌以免公差有异，采用GB/T 19228中II系列标准，工作压力1.6MPa

2.3 瓦木项目预算报价

序号	项目名称	单位	单价（元）	工艺做法、材料说明
1	轻钢龙骨 单面单层 石膏板墙面	m²	135~160	1. C75系列轻钢龙骨骨架、间距不小于400mm，12mm厚纸面石膏板单面封； 2. 饰面基层处理、批灰、刷乳胶漆费用另计； 3. 隔断内填充保温、隔声材料（苯板或岩棉）另加45元/m²
2	轻钢龙骨 双面单层 石膏板隔墙	m²	170~220	1. C75系列轻钢龙骨骨架、间距不小于400mm，12mm厚纸面石膏板双面封； 2. 饰面基层处理、批灰、刷乳胶漆费用另计； 3. 隔断内填充保温、隔声材料（苯板或岩棉）另加45元/m²
3	石膏板背景墙 （平面直线造型）	m²	180~220	1. 木龙骨、OSB板或轻钢龙骨基层，12mm厚纸面石膏板饰面； 2. 背景墙厚度≤150mm，仅限直线造型； 3. 饰面基层腻子、乳胶漆处理另计； 4. 复杂造型费用另计
4	饰面板背景墙 （平面直线造型）	m²	260~280	1. 木龙骨、OSB板或轻钢龙骨基层，3mm厚饰面板饰面； 2. 背景墙厚度≤150mm，仅限直线造型； 3. 饰面油漆处理另计； 4. 复杂造型费用另计

续表

序号	项目名称	单位	单价（元）	工艺做法、材料说明
5	石膏顶角线（用石膏板制作直线型）	m	35～45	1. 石膏线宽不超过10cm； 2. 快粘粉粘贴； 3. 饰面乳胶漆另计； 4. 三层以内叠级，每增加一层，另增加8元
6	轻钢龙骨单层石膏板平面天花	m²	135～160	1. 轻钢龙骨骨架，9.5mm厚纸面石膏板饰面； 2. 饰面基层处理，刮腻子、刷涂料及灯具、石膏线另计； 3. 按展开面积计算
7	轻钢龙骨单层石膏板高低直线吊顶（一级）	m	140～170	1. 轻钢龙骨骨架，9.5mm厚纸面石膏板饰面； 2. 饰面基层处理，批灰刷涂料及灯具、石膏线另计； 3. 按延米计算，展开宽度小于等于550mm，结构层高超过3米，另加20元/米
8	吊顶增加直线跌级	m	45～60	1. 在原有直线吊顶报价基础上，每增加一个直线跌级增加40元/米； 2. 跌级宽度≤200mm，跌级高度≤150mm；局部大芯板防腐防火处理； 3. 根据不同饰面基层处理、面层另计
9	石膏板直线灯槽制作	m	55～65	1. 轻钢龙骨骨架，9.5mm厚纸面石膏板饰面； 2. 饰面基层处理，批灰刷涂料及灯具、石膏线另计； 3. 按延长米计算，结构层高超过3米另加20元/米
10	石膏板平面异型吊顶（圆形/弧形/流线型）	m²	260～320	1. 轻钢龙骨及木龙骨骨架，9.5mm厚纸面石膏板饰面； 2. 饰面基层处理，批灰刷涂料及灯具、石膏线另计； 3. 按投影面积计算，结构层高超过3米另加20元/m²； 4. 单点不足1m²按1m²计
11	弧形反光灯槽	米	80～110	1. 在原有异型吊顶报价的基础上增加80元/米； 2. 灯槽宽度≤200mm，高度≤150mm； 3. 根据不同饰面基层处理、面层另计
12	轻钢龙骨木基层木饰面吊平顶	m²	180～240	1. 轻钢龙骨骨架，多层板或OSB板衬底，3mm厚饰面板饰面； 2. 结构层高超过3米另加20元/m²； 3. 如表面刷清漆另加40元/m²，擦色另加20元/m²
13	轻钢龙骨木基层桑拿板吊平顶	m²	260～320	1. 桑拿板（松木板）； 2. 松木骨架； 3. 按展开面积计算，结构层高超过3米另加20元/m²； 4. 如表面刷清漆另加40元/m²，擦色另加20元/m²； 5. 斜铺、拼花另加20元/m²
14	开灯孔	个	8～10	人工费
15	普通窗帘盒制作	米	170～220	1. OSB板衬底，石膏板饰面； 2. 腻子、乳胶漆费用另计； 3. 不含轨道及窗帘杆安装

续表

序号	项目名称	单位	单价（元）	工艺做法、材料说明
16	天花石膏板假梁制作	米	160～220	1. 轻钢龙骨或 OSB 板骨架，9.5mm 厚纸面石膏板饰面； 2. 批灰刷涂料及灯具、石膏线另计； 3. 按延长米计算，高度+宽度≤500mm，超过500mm时，每增加200mm 增加 25 元/米
17	天花木制假梁制作	米	180～260	1. 轻钢龙骨或 OSB 板骨架，3mm 厚饰面板封面； 2. 表面油漆费用另计； 3. 按延长米计算，高度+宽度≤500mm，超过500mm时，每增加200mm 增加 30 元/米
18	木制装饰柱制作	米	160～240	1. OSB 板骨架，3mm 厚饰面板封面； 2. 不含表面油漆处理； 3. 截面尺寸小于 150mm×150mm
19	地台（木质）	m²	280～350	1. OSB 板十字网格骨架及铺面； 2. 高度≤260mm，超过260mm时，每增加100mm，费用增加 60/m²； 3. 不含饰面主材及铺装费
	瓦工项目			19 项
1	墙面挂钢丝网处理	m²	22～25	1. 铁钉或码钉固定钢丝网； 2. 抹灰厚度超过 30mm 时需挂钢丝网
2	墙面水泥砂浆找平	m²	38～45	1. 原墙空鼓部位须全部铲除，用 32.5 普通水泥砂浆找平； 2. 厚度不超 30mm，超过 30mm 时，每增加 15mm，加价 12 元/m²； 3. 不含挂钢丝网费用
3	墙砖斜铺、拼花	m²	20～30	在正常镶贴报价的基础上，增加每平方米费用
4	墙砖阳角 45°拼接	m	20～30	人工费，按延长米计算
5	墙面马赛克镶贴	m²	150～200	1. 马赛克专用瓷砖胶镶贴，不含拉毛及基础找平； 2. 主材、勾缝剂、十字卡甲供； 3. 斜铺、拼花等价格另计
6	新砌砖墙（厚度≤120mm）	m²	120～160	1. 墙体厚度小于等于 120mm，轻体砖或红砖砌筑，不含抹灰； 2. 国标 32.5 普通硅酸盐水泥砂浆砌筑； 3. 墙体 8m² 以上需埋加强筋，面层处理费用另计； 4. 由客户办理相关物业手续
7	新砌砖墙（120mm≤厚度≤240mm）	m²	160～220	1. 墙体厚度大于 120mm 小于等于 240mm，轻体砖或红砖砌筑，不含抹灰； 2. 国标 32.5 普通硅酸盐水泥砂浆砌筑； 3. 墙体 8m² 以上需埋加强筋，面层处理费用另计； 4. 视情况由客户办理新建墙体相关物业手续

续表

序号	项目名称	单位	单价（元）	工艺做法、材料说明
8	包厨卫立管（轻体砖）	根	300～400	1. 轻体砖、32.5普通硅酸盐水泥砂浆砌筑，展开尺寸不大于800mm； 2. 不含面层挂网、水泥砂浆抹灰费用； 3. 阀门、管道检查口处须预留检修口，常规洞口尺寸不大于250mm×250mm； 4. 按实际工程量计算，超出按比例加价
9	仿木地板条形地砖错缝铺贴	m²	95～135	1. 清工辅料费，不含主材及勾缝剂； 2. 国标32.5水泥砂浆铺贴； 3. 如进行斜铺、拼花、镶铜条（甲供）、波打线（甲供）等特殊铺装，费用另计
10	地砖斜铺/拼花（水泥砂浆）	m²	25～30	在同规格正铺的基础上增加费用
11	波打线铺装	m	15～25	1. 主材甲供； 2. 水泥砂浆粘贴，不足1米按1米计（不含主材切割）
12	过门石铺装	m	30～45	1. 主材甲供； 2. 水泥砂浆粘贴，长度90cm以内，超出按比例加价
13	踢脚板（瓷砖）	m	15～20	1. 甲方提供地砖配套踢脚线； 2. 清理原墙面，水泥砂浆或腻子铺装； 3. 国标钻牌或金隅32.5水泥、中沙，铺完后勾缝处理
14	豆石混凝土地面找平（用于回填）	m²	55～70	1. 水泥、沙子及豆石填充； 2. 水泥：沙子：豆石比例为1:2:3； 3. 找平（回填）厚度≤100mm，超过费用另计
15	地面水泥砂浆找平	m²	35～45	1. 地面清理干净； 2. 国标32.5普通硅酸盐水泥，砂浆配比1:3； 3. 厚度≤30mm，大于30mm时每增加10mm加6元； 4. 平整度≤3mm
16	地面轻体砖加高	m²	110～160	1. 轻体砖填充，国标32.5普通硅酸盐水泥； 2. 表面水泥砂浆抹平； 3. 按平面面积计算工程量，厚度≤100mm，每超过50mm加40元/m²
17	地漏安装	个	15～20	1. 地漏甲供； 2. 如采用对角拼接工艺，加收30元/个
18	地面铺石材	m²	140～170	1. 地面清理干净； 2. 甲供石材，规格≤600mm×600mm； 3. 浅色石材背面挂胶抹白水泥砂浆薄层。（防止普通水泥返浆，染化浅色表面，费用另加每平方米15元）

续表

序号	项目名称	单位	单价（元）	工艺做法、材料说明
19	拼花大理石铺贴	m²	180～240	1. 地面清理干净； 2. 甲供加工成型石材，每组在规格≤1200mm×1200mm以内； 3. 深色大理石按1∶2.5水泥砂浆铺贴； 4. 浅色石材背面挂胶抹白水泥砂浆薄层。（防止普通水泥返浆，染化浅色表面，费用另加每平方米15元）

2.4 配套装饰项目预算报价

序号	项目名称	单位	单价（元）	工艺做法、材料说明
1	门套口找方	m	90～120	1. OSB板衬底做框架找方（用于给主材室内门安装配套）； 2. 不含门安装费； 3. 墙宽超过300mm，每米加15元； 4. 按延长米计算
2	水泥压力板隔断（单面封）	m²	135～150	1. C75系列轻钢龙骨骨架、间距不小于400mm，9mm厚水泥压力板单面封； 2. 饰面基层处理，挂钢丝网、水泥砂浆抹灰、刮腻子、石膏、刷乳胶漆费用另计； 3. 隔断内填充保温、隔声材料（苯板或岩棉）另加45元/m²
3	水泥压力板隔断（双面封）	m²	160～180	1. C75系列轻钢龙骨骨架、间距不小于400mm，9mm厚水泥压力板双面封； 2. 饰面基层处理，批灰刷乳胶漆费用另计； 3. 隔断内填充保温、隔声材料（苯板或岩棉）另加45元/m²
4	防水石膏板平面天花	m²	150～170	1. 轻钢龙骨骨架，9.5mm厚纸面石膏板饰面； 2. 饰面基层处理，刮腻子、刷涂料及灯具、石膏线另计； 3. 在普通石膏板基础上增加
5	楼梯踏步基层处理	踏	180～240	1. 清工、辅料； 2. OSB板衬底； 3. 每踏按一个平面及一个立面计算； 4. 不含成品铺设费用
6	石膏板搂槽	m	8～12	人工费（用于装饰石膏板背景墙等逻辑槽）
7	石膏饰品安装	个	30～40	人工费，普通石膏饰品甲供，直径600mm以内
8	石膏饰品安装	个	50～60	人工费，普通石膏饰品甲供，直径600mm以外

续表

序号	项目名称	单位	单价（元）	工艺做法、材料说明
9	窗帘杆安装	个	35~50	人工费，普通窗帘杆甲供
	配套装饰项目			9项
1	玻璃砖墙体砌筑	m²	100~120	1. 清工费、不含主材及专用勾缝剂。专用十字架固定，玻璃胶封口（客户自购主材）； 2. 不含四周边框及基底制作； 3. 甲方提供玻璃砖
2	地面石材铺装	m²	90~120	1. 石材甲供，规格在600mm×600mm以内，大于此规格加15元/m²； 2. 原地面清扫干净，水泥浆基底，不包括特殊基层处理； 3. 水泥砂浆垫底，石材背面挂胶抹水泥素浆粘贴； 4. 水泥砂浆需加建筑胶，国标32.5水泥、中砂； 5. 拼花另加8元/m²（无需切割），镶铜条另加15元/m²，铜条甲供
3	地面铺卵石	m²	90~110	1. 甲方提供卵石； 2. 原地面清扫干净，水泥浆基底，不包括特殊基层处理； 3. 水泥砂浆需加建筑胶，国标32.5水泥、中砂
4	自流平水泥找平	m²	130~160	1. 基层表面处理； 2. 刷界面剂； 3. 自流平水泥找平
5	不带裙边浴缸安装	件	450~650	1. 浴缸、辅料、软管等配件均甲供； 2. 按摩浴缸另计； 3. 用立砖砌护墙，单面抹水泥砂浆，预留检修口； 4. 不含浴缸外装饰
6	楼梯踏步铺设（地砖）	踏	90~120	1. 清工、辅料、国标32.5水泥铺设； 2. 不含主材； 3. 每踏按一个平面及一个立面计算
7	楼梯踏步铺设（石材）	踏	100~130	1. 清工、辅料、国标32.5水泥铺设； 2. 不含主材； 3. 每踏按一个平面及一个立面计算
8	清水墙水泥砂浆勾缝（宽度5~8mm）	米	6~8	含人工费、辅料（用于装饰红砖、青砖砌体的筑装饰勾缝）
9	防盗门框周边灌浆或封边	个	150~170	含人工费、辅料

施工验收篇

1 标准与验收单

1.1 建筑装饰装修工程常用质量验收国家标准。
1.《建筑装饰装修工程质量验收标准》GB 50210
2.《建筑地面工程施工质量验收规范》GB 50209
3.《建筑工程施工质量验收统一标准》GB 50300

1.2 建筑装饰装修水电工程常用质量验收国家标准。
1.《建筑给水排水及采暖工程施工质量验收规范》GB 50242
2.《建筑电气工程施工质量验收规范》GB 50303

1.3 住宅装饰装修工程常用国家行业标准。
1.《住宅室内防水工程技术规范》JGJ 298
2.《住宅室内装饰装修工程质量验收规范》JGJ/T-304

1.4 建筑工程在批量施工质量验收时，优先采用国标 GB 50300。

1.5 以《住宅室内装饰装修工程质量验收规范》为例，验收记录表单6项。
附录 A 室内净距、净高尺寸检验记录
附录 B 住宅室内装饰装修前分户交接检验记录
附录 C 住宅室内装饰装修工程分项工程划分
附录 D 住宅室内装饰装修分户工程质量验收记录
附录 E 住宅室内装饰装修分户质量验收汇总表

附录 F 住宅室内装饰装修工程验收汇总表
参加验收标题栏内，标注的相关单位是：
建筑单位、总包施工单位、监理单位、设计单位、装饰施工单位
建筑单位、总包施工单位、监理单位、装饰施工单位

1.6 相关标准内的施工验收在附录里，均给出了验收记录，是装饰装修检查验收表。但是，在住宅室内装饰装修中，面对广大的个体普通装修业主。单个房屋装修检查、巡检、验收子项目内容就相对显得的比较少了。装修业主对施工验收要求，可能会更直观、具体、细致。

1. 实际住宅装饰装修工程验收单，例如：开工交底、检查巡查、验收记录的会签人员，甲方、乙方（项目经理）、监理（质检员）、设计师。均以各方签字确认为准。

2. 住宅室内装饰装修工程质量检查验收，是以四方参加技术交底开始。主要有以下若干次检查验收。

1）开工水电交底。

2）装修材料进场检查。

3）隐蔽工程验收。

4）中期验收。

5）防水验收。

6）水路改造验收。

7）电路改造验收。

8）新建阁楼加设楼板验收。

9）涂饰工程验收。

10）装修主材安装验收。

11）竣工验收。

在住宅装修过程中有多个节点的验收，而不同于住宅全装修、精装、公寓装修，是以业主单位对施工单位为主。实际的施工质量验收，在施工方的工作日志和监理公司的检查验收记录里。

3. 我们编写的第四篇施工验收。它解决普通业主对住宅装修质量检查验收的需求。编写了符合个体装修业主需求的施工验收表单。它包括：

序号	检查项目	检查、验收内容	质量要求	监理意见	验收结果记录（注明不达标项）

让普通个体业主，对装修施工项目内容、检验标准依据，有了直观、细致、

全过程的了解和参与。

1.7 在全国范围内，首次提供了一个检查验收的住宅"全过程系列检查验收单表"示范模板。为规范住宅装修施工质量管理，实现装修检查验收标准化、装修项目巡查规范化，打下了基础。为普通住宅装饰装修的检查验收技术进步，做出了贡献。本次编写的施工验收系列表单，共分十一次检查验收。由于我国南北方区域跨度巨大，各个监理公司、检测单位、装饰公司，可以进行微调和补充。

2 装饰工程检查验收单

住宅装饰工程开工交底单　　　　　　表1

甲方		乙方		工程地址	
监理方		检查日期		验收时间	
序号	检查项目		检查、验收内容质量要求	监理意见	验收结果记录（注明不达标项）
1	入户门钥匙、门进卡		实际交接	是□ 否□	
2	门窗正常使用、外观状况		实际观察	是□ 否□	
3	电器及原家具保留情况		实际核对、已交接	是□ 否□	
4	上水系统有无渗漏，出水是否通畅		放水观察	是□ 否□	
5	厨房卫生间下水及地漏通顺情况		灌水测试	是□ 否□	
6	保留电路是否畅通，照明是否完好		实际观察	是□ 否□	
7	水电燃气表是否存在明显损毁		实际观察	有□ 无□	
8	暖气设备及管道使用是否完好		实际观察	是□ 否□	
9	墙、地抹灰层是否有明显空鼓50cm宽/每档，为检测批空鼓面积≤400cm²/处		响鼓锤检验并圈定范围	有□ 无□	
10	阳台、墙体、顶面是否有严重裂缝，渗水迹象		实际观察	有□ 无□	
11	原墙平整度		2米靠尺检查偏差小于3mm	有□ 无□	
12	设计图纸与交底情况是否相符		实际交接是否相符	是□ 否□	
13	交底是否有进场增减项		实际交接	有□ 无□	
14	交底现场是否有口头承诺		实际交接	有□ 无□	
监理意见： □合格，进行下道工序施工　　　　　　　　　□不合格，必须整改并确定复验时间					
会签栏	监理方签字		甲方签字		施工方签字
	日期：		日期：		日期：

注：1. 本表由监理单位填写。一式三份，甲乙方、监理各一份。
　　2. 本表第一联：监理方留存；第二联：甲方留存；第三联：乙方（施工单位）留存。
　　3. "√"代表合格；"×"代表不合格。

水电基础工程巡查单　　　　　表2

甲方		乙方		工程地址	
监理方		检查日期		验收时间	
序号	检查项目		检查、验收内容质量要求	监理意见	验收结果记录（注明不达标项）
1	原有线路保留情况		实际已交接	是□ 否□	
2	开关、插座位置		基本确定	是□ 否□	
3	水路布管走向、数量		基本确定	是□ 否□	
4	水电报价		基本确定	是□ 否□	
5	拆除暖气属专业施工项		安装暖气应由商家完成	是□ 否□	
6	拆改煤气管道属专业项		应由燃气公司完成	是□ 否□	
7	拆除承重墙		严令禁止	是□ 否□	
8	拆除地砖		基层无裂纹	是□ 否□	
9	墙面铲除		按照报价铲除层面	是□ 否□	
10	拆除部位整体支护、分块切割、风镐排孔、逐一拆除		拆除楼梯踏步要经过物业同意	是□ 否□	
11	拆除剪力墙		严令禁止	是□ 否□	
12	拆除窗下墙		需进行报备	是□ 否□	
13	拆除局部墙砖		拆除后基层无松动	是□ 否□	
14	拆除墙面水泥砂浆粘接层		拆除后基层无松动	是□ 否□	
15	挖掘扩充地下室空间		设计院报批	是□ 否□	
16	扩大室内阳台		需进行报备	是□ 否□	
17	新搭建与室内链接空间		需进行报备	是□ 否□	
18	新搭建房屋		需进行报备	是□ 否□	

监理意见：
　　　　□合格，进行下道工序施工　　　　□不合格，必须整改并确定复验时间

会签栏	监理方签字	甲方签字	施工方签字
	日期：	日期：	日期：

注：1. 本表由监理单位填写。一式三份，甲乙方、监理各一份。
　　2. 本表第一联：监理方留存；第二联：甲方留存；第三联：乙方（施工单位）留存。
　　3. "√"代表合格；"×"代表不合格。

水电工程施工巡检单

表3

甲方		乙方		工程地址	
监理方		检查时间		验收时间	
序号	检查项目		检查、验收内容质量要求	监理意见	验收结果记录（注明不达标项）
1	水电开槽是否按照水电施工工程规范弹线施工		卷尺测量	是□ 否□	
2	水电施工是否按照水电交底设计点位作业		核对符合	符合□ 不符□	
3	水电等开槽是否有损坏墙体主筋现象		实际观察	是□ 否□	
4	水电开槽是否有损坏原有暖气管道		实际观察	是□ 否□	
5	水电开槽是否有损坏原有未改动电线管道、水管、然气管道		实际观察	是□ 否□	
6	水电材料是否使用专业工具裁切合理下料施工		水管不可扭曲，线管衔接严密	是□ 否□	
7	铺设方式、方向		与约定一致性	是□ 否□	
8	现场配备临时配电箱，施工用电必须从配电箱接出（二级保护）		实际观察	是□ 否□	
9	电动工具应使用配套电线和插头，连接线必须使用护套线		实际观察	是□ 否□	
10	电工人字梯应牢固，并有防滑措施		实际观察	是□ 否□	
11	电工高空作业应采取安全措施		实际观察	是□ 否□	
12	电工作业人员必须要有电工证		实际验看	是□ 否□	
	现场水电材料品牌规格		报价材料品牌规格	是否符合	
13	电线2.5平方			是□ 否□	
14	电线4平方			是□ 否□	
15	PVC电管、配件			是□ 否□	
16	接线盒、锁口			是□ 否□	
17	弱电线			是□ 否□	
18	弱电穿线管			是□ 否□	
19	给水管			是□ 否□	
20	排水管			是□ 否□	
21	其他材料配件			是□ 否□	
22	配电箱			是□ 否□	

续表

监理意见:
　　□合格,进行下道工序施工　　　　　　　□不合格,必须整改并确定复验时间

会签栏	监理方签字	甲方签字	施工方签字
	日期:	日期:	日期:

注:1. 本表由监理单位填写。一式三份,甲乙方、监理各一份。
　　2. 本表第一联:监理方留存;第二联:甲方留存;第三联:乙方(施工单位)留存。
　　3. "√"代表合格;"×"代表不合格。

电气工程施工验收单   表4

甲方		乙方		工程地址	
监理方		检查时间		验收时间	
序号	检查项目		检查、验收内容技术标准要求	监理意见	验收结果记录（注明不达标项）
1	线径照明 2.5mm²，厨房、空调 4.0mm²		实际现场特殊情况时，厨、卫照明与插座可以同一回路	是□ 否□	
2	电线是否有分色，全屋火、零、地线三线颜色是否有区分		相线（L）宜红色，零线（N）宜蓝色，接地保护线（PE）黄绿双色线	是□ 否□	
3	管与管之间连接，线管与底盒之间连接		采用套管和使用杯梳或锁扣	是□ 否□	
4	潮湿区域（卫生间、厨房、阳台）		不允许在地面敷设电路	是□ 否□	
5	暗线敷设与吊顶内线路		必须配管和软管保护	是□ 否□	
6	槽深比管外径加 15mm，槽宽比管的外径大 10mm		不得切割碰伤钢筋	是□ 否□	
7	导线接头		接头应在检修底盒或箱内	是□ 否□	
8	穿墙、移位		需用硬管连接暗盒不能用软管连接，不能有裸线	是□ 否□	
9	同一回路电线应穿入同一根管内导线		总横截面积应小于线管截面的 40%	是□ 否□	
10	强弱电铺设		禁止共管共盒	是□ 否□	
11	强弱电布线交叉		使用锡箔纸处理	是□ 否□	
12	电线与暖气、热水、煤气管铺设		平行距离不应小于 30cm，交叉距离不应小于 10cm	是□ 否□	
13	电路施工过程中有无安全用电		通电线路线头是否绝缘措施	是□ 否□	
14	施工中电线头裸露		严禁带电	是□ 否□	
15	验收后，线头用绝缘布包好		实际观察	是□ 否□	
16	线头卷入暗盒并用盖板保护		实际观察	是□ 否□	
17	墙、顶面无法排管时，必须采用 3 分管或黄蜡管保护		实际观察	是□ 否□	

续表

18	墙、地面电线管必须用水泥砂浆或铜丝固定	间距不大于 1000mm	是□ 否□	
19	吊顶内线管应用吊钩或管卡固定	间距不大于 1000mm	是□ 否□	
20	电线管与配电箱必须使用锁扣连接	实际观察	是□ 否□	
21	PVC 线管接头必须用 PVC 专用胶水固定	抽查时不得松动	是□ 否□	
22	空调、大功率家电、应单独回路	实际观察	是□ 否□	
23	相邻插座底盒或面板高度	基本一致	是□ 否□	
24	出水口正下方不得设置电源插座	实际观察	是□ 否□	
25	开关、插座安装	牢固、整洁干净	是□ 否□	

监理意见：
　　□合格，进行下道工序施工　　　　　　　□不合格，必须整改并确定复验时间

会签栏	监理方签字	甲方签字	施工方签字
	日期：	日期：	日期：

注：1. 本表由监理单位填写。一式三份，甲乙方、监理各一份。
　　2. 本表第一联：监理方留存；第二联：甲方留存；第三联：乙方（施工单位）留存。
　　3. "√"代表合格；"×"代表不合格。

给排水工程施工验收单

表5

甲方		乙方		工程地址	
监理方		检查时间		验收时间	
序号	检查项目		检查、验收内容技术标准要求	监理意见	验收结果记录（注明不达标项）
1	水管路敷设		应电上水下原则	是□ 否□	
2	给水管敷设		应左热右冷，横平竖直	是□ 否□	
3	水管间距		≤800mm 设管卡	是□ 否□	
4	水管与燃气管平行间距交叉间距		平行≥100mm，交叉≥50mm	是□ 否□	
5	打压试验		加压0.8MPa，保持30分无渗漏，压力无下降	是□ 否□	
6	淋浴水管出水口		中心间距15cm，离地90~110cm	是□ 否□	
7	脸盆、洗菜盆进出水口		中心间距15cm，离地55cm	是□ 否□	
8	预埋内丝直角弯头与墙面		垂直和出墙面基层20mm	是□ 否□	
9	卫生间新增下水点位		开槽后做防水后再布管	是□ 否□	
10	排水需硬质管（自带管除外）		排水畅通无倒坡、接口密封，连接处无渗漏	是□ 否□	
11	马桶排污管		考虑到贴砖厚度，坑距300mm或400mm	是□ 否□	
12	安装管路牢固		无松动	是□ 否□	
13	水路施工过程 有断水作业		阀门水口关紧	是□ 否□	
14	给水管路敷舒展平直		不得轴向扭曲	是□ 否□	
15	给水管固定使用吊卡/U形卡		实际观察	是□ 否□	
16	给水管管道弯头、三通50mm处设立管卡		实际观察	是□ 否□	
17	厨卫给水管应沿墙顶面敷设		不应在地面铺设	是□ 否□	
18	卫生间嵌入墙体暗管槽内进行防水处理		实际观察	是□ 否□	
19	各类排水管的接头应用配套件连接		严禁填充料堵塞	是□ 否□	

续表

监理意见：	□合格，进行下道工序施工		□不合格，必须整改并确定复验时间	
会签栏	监理方签字		甲方签字	施工方签字
	日期：		日期：	日期：

注：1. 本表由监理单位填写。一式三份，甲乙方、监理各一份。

    2. 本表第一联：监理方留存；第二联：甲方留存；第三联：乙方（施工单位）留存。

    3. "√"代表合格；"×"代表不合格。

防水工程施工验收单

表6

甲方		乙方		工程地址	
监理方		检查时间		验收时间	
序号	检查项目	检查、验收内容技术标准要求	监理意见		验收结果记录（注明不达标项）
1	给水管无渗漏现象	实际观察	是☐	否☐	
2	地漏、排水管根部	是否补强处理	是☐	否☐	
3	过墙管道与门槛石处防水	是否补强处理	是☐	否☐	
4	防水涂层表面，无开裂、针孔和漏刷现象	实际观察	是☐	否☐	
5	查看防水区域对应的楼下房顶及周边房间墙角有无渗漏水迹	实际观察	是☐	否☐	
6	墙面防水层涂刷	均匀牢固	是☐	否☐	
7	蓄水试验前是否提醒楼下业主予以注意	实际交接	是☐	否☐	
8	蓄水试验深度	高于地面高点2mm	是☐	否☐	
9	蓄水试验时间	48小时	是☐	否☐	
10	淋浴墙面的防水层高度	≥1800mm	是☐	否☐	
11	浴缸、水盆墙面	≥1500mm	是☐	否☐	
12	墙面与地面交界处其他部位	≥300mm	是☐	否☐	
13	防水涂层与基础连接表面外观	不起泡、不流淌、平整	是☐	否☐	
14	卫生间门口处宜做挡水坎	实际观察	是☐	否☐	

监理意见：
　　　　☐合格，进行下道工序施工　　　　　　　　　☐不合格，必须整改并确定复验时间

会签栏	监理方签字 日期：	甲方签字 日期：	施工方签字 日期：

注：1. 本表由监理单位填写。一式三份，甲乙方、监理各一份。
　　2. 本表第一联：监理方留存；第二联：甲方留存；第三联：乙方（施工单位）留存。
　　3. "√"代表合格；"×"代表不合格。

瓦木工程施工巡检单　　　　表7

甲方		乙方		工程地址	
监理方		检查时间		验收时间	
序号	检查项目	检查、验收内容技术标准要求	检查工具/意见	验收结果记录（注明不达标项）	
1	墙、顶面膨胀螺丝固定间距	≤500mm	钢尺测量		
2	主龙骨间距	≤500mm	钢尺测量		
3	吊杆两端固定方式	膨胀锁紧、螺帽锁紧	抽检		
4	吊杆间距	≤1000mm	抽测		
5	石膏板固定自攻钉距	200~280mm	是□ 否□		
6	潮湿空间石膏板吊顶采用防水石膏板	观察材料	是□ 否□		
7	木作项目安装	无松动、端正、手动试验	牢固□ 松动□		
8	泥木工程辅料是否符合报价品牌规格	观察材料	是□ 否□		
9	贴砖工程施工工序是否按照报价标准执行	实际观察	是□ 否□		
10	烟道口、检修口、排风口位置是否正确预留	实际观察	是□ 否□		
11	墙地砖铺贴是否按照设计要求的花样和特殊工艺施工	实际观察	是□ 否□		
12	木作基础拼接工整合缝严	实际观察	是□ 否□		
13	面板拼接点留V形口与基础木作错口交接	实际观察	是□ 否□		
14	面板与基础木作粘接牢固、无夹层	实际观察	是□ 否□		
15	收边线条与基础木作粘接严密	实际观察	是□ 否□		
16	接头无错位、离缝现象	实际观察	是□ 否□		
17	饰面板安装胶粘均匀，蚊钉枪固定	实际观察	是□ 否□		
18	并列柜门饰面板花色相近	实际观察	是□ 否□		
19	柜门安装端正平齐	实际观察	是□ 否□		
20	木制框架结构方正，立面垂直、平整	实际观察	是□ 否□		
21	吊顶石膏板表面	不得有掉角、翘角等现象	是□ 否□		
22	新建石膏板隔墙表面	牢固、平整、无伤	是□ 否□		

续表

23	新建石膏板隔墙垂直度	≤3mm	是□ 否□	
24	新建石膏板隔墙平整度	≤3mm	是□ 否□	
25	新隔墙阴阳角方正度	≤3mm	是□ 否□	
26	木作装饰顶梁	交接处方正、牢固	是□ 否□	

监理意见：
　　□ 合格，进行下道工序施工　　　　　　□ 不合格，必须整改并确定复验时间

会签栏	监理方签字	甲方签字	施工方签字
	日期：	日期：	日期：

注：1. 本表由监理单位填写。一式三份，甲乙方、监理各一份。
　　2. 本表第一联：监理方留存；第二联：甲方留存；第三联：乙方（施工单位）留存。
　　3. "√"代表合格；"×"代表不合格。

瓦木工程施工验收单

表8

甲方		乙方		工程地址	
监理方		检查时间		验收时间	
序号	检查项目		检查、验收内容技术标准要求	检查工具/方法	验收结果记录（注明不达标项）
1	墙地砖铺贴方式		是否统一方向，有无色差	实际观察	
2	墙地砖铺贴空鼓率		单块砖空鼓不得超过20%，空鼓砖不得超过总数的5%	空鼓锤检测	
3	墙、地砖铺贴表面		勾缝呈十字接缝并且整齐、均匀一致，无明显缝线粗细不均。表面平整	实际观察	
4	瓷砖及门槛石等石材铺贴		无划痕、断裂、掉角，门槛石高度是略高于潮湿区域5mm	卷尺测量	
5	厨房、卫生间、阳台地砖		排水坡度，排水顺畅无积水，地漏处的瓷砖有做坡度拼接处理	泼水测试	
6	墙面管卡，插座部位		整砖套割方正，无掉瓷的现象	实际观察	
7	瓷砖阳角方正		90°±3°	200mm方尺	
8	木工材料品牌、规格		是否与报价单相符	实际观察	
9	吊顶的水平度、垂直度		是否符合设计图纸要求	实际观察	
10	木制品边角		无毛刺、刮手、凹陷等缺陷	实际观察	
11	所有饰面板表面平整、洁净、色泽均匀		无划痕、磨痕、起翘、裂痕或者缺损，无污染不露钉帽，木纹纹理流畅、一致	实际观	
12	吊顶石膏板		预留5mm伸缩缝，与墙体接缝预留3mm左右	抽点测量	
13	现场木制作门、门套		门扇与门套缝隙为2.5~3mm，与地面间距5~8mm（厨卫12~10mm），与门档板结合缝隙不大于2mm	卷尺测量	
14	现场木作垭口		方正，立面垂直、平整	实际观察	
15	现场木作书籍层板		安装牢固、平整	实际观察	
16	现场木作物品阁		方正、碰角规矩、安装牢固	实际观察	
17	现场制作不可移动柜体		与墙体固定稳固、收边均匀	实际观察	

续表

18	现场柜体分档格	五金件、合页、安装牢固	手动检查	
19	柜体内制抽屉	滑道安装顺直、拉开、闭合自然	手动检查	
20	柜体各个封边	整齐、不起翘、平服	实际检查	
21	玄关柜	隔层、柜门安装牢固	实际检查	
22	玄关木作阁、鞋柜	收口规矩、封边牢固	实际观察	
23	现场木作饰面	木质花纹自然、无伤结疤	实际观察	

监理意见：
　　□ 合格，进行下道工序施工　　　　　□ 不合格，必须整改并确定复验时间

会签栏	监理方签字	甲方签字	施工方签字
	日期：	日期：	日期：

注：1. 本表由监理单位填写，一式三份，甲乙方、监理各一份。
　　2. 本表第一联：监理方留存；第二联：甲方留存；第三联：乙方（施工单位）留存。
　　3. "√"代表合格；"×"代表不合格。

涂饰工程施工巡检单

表9

甲方		乙方		工程地址	
监理方		检查时间		验收时间	
序号	检查项目		检查、验收内容技术标准要求	检查工具/方法	验收结果记录（注明不达标项）
1	油工墙面基层		刷界面剂（墙锢）	观察	
2	刮石膏		基层找平	观察	
3	刮腻子		2～3遍平整、无裂纹	2米靠尺	
4	板缝、开槽处墙顶阴角处理		贴布或接缝带平整	观察	
5	墙面辅料品牌		符合报价	是□ 否□	
6	木制品刷清油		木制品基层干净、无损伤	观察	
7	木制品油漆		环保漆与报价一致	核对	
8	清油钉眼修补填平		平滑、无漏补	观察	
9	木纹补色、修色无明显色差		自然、均匀色正	观察	
10	饰面无坑、起皮		平整、平滑	观察	
11	无麻面、砂眼等缺陷		无明显瑕疵	观察	
12	混油钉眼		修补填平、无漏补	观察	
13	混油基层打磨		平整、平滑	观察	

监理意见：
　□合格，进行下道工序施工　　　　　□不合格，必须整改并确定复验时间

会签栏	监理方签字	甲方签字	施工方签字
	日期：	日期：	日期：

注：1. 本表由监理单位填写。一式三份，甲乙方、监理各一份。
　　2. 本表第一联：监理方留存；第二联：甲方留存；第三联：乙方（施工单位）留存。
　　3. "√"代表合格；"×"代表不合格。

涂饰工程施工验收单

表 10

甲方		乙方		工程地址	
监理方		检查时间		验收时间	
序号	检查项目		检查、验收内容技术标准要求	检查工具/方法	验收结果记录（注明不达标项）
1	乳胶漆品牌、型号		符合与报价单上的品牌、型号	核对	
2	石膏线安装		牢固、端正、接缝无错位、无翘曲	观察	
3	墙面平整度		≤3mm	2米靠尺	
4	垂直度 阴阳角方正度		≤3mm	靠尺、直角尺	
5	腻子打磨		无明显沙眼、气泡	观察	
6	乳胶漆涂刷		涂刷无刷痕、流坠、起皮、裂纹透底	实际观察	
7	涂料分色位置		油漆与涂料交接处没有过棱及相互污染情况，分色清晰	实际观察	
8	壁纸基层		色泽均匀，拼接方向一致，无起泡、空鼓、裂缝、搭接严密	实际观察	
9	金属管刷漆		漆膜光滑、色泽、厚度均匀一致，无漏刷等现象	实际观察	
10	现场喷刷家具表面油漆		无沙眼、刷毛、流坠	实际观察	
11	清漆面漆		木纹清晰，无擦色、不均匀现象、钉眼处无色差	实际观察	
12	混油面漆		平整光滑，无挡手感，无毛刺，不透底，色泽均匀	实际观察	
13	各个饰面板块颜色		并列面：均匀一致、无明显色差	实际观察	
14	采用着色工艺		色正，无色斑、划痕	实际观察	
15	清油漆膜外观		流坠、橘皮现象、光滑	实际观察	
16	采用聚酯漆		一底两面、光滑、有通透感	手摸检查	
17	混油质感外观		无流坠、无明显瑕疵、光滑	观察手摸检查	

续表

18	混油色差度	瓷白，不泛黄	实际观察
19	油漆整体	漆膜饱满、有滑爽感	手摸检查

监理意见：
　　　　□ 合格，进行下道工序施工　　　　□ 不合格，必须整改并确定复验时间

会签栏	监理方签字	甲方签字	施工方签字
	日期：	日期：	日期：

注：1. 本表由监理单位填写。一式三份，甲乙方、监理各一份。

2. 本表第一联：监理方留存；第二联：甲方留存；第三联：乙方（施工单位）留存。

3. "√"代表合格；"×"代表不合格。

竣工验收单

表 11

甲方		乙方		工程地址	
监理方		检查时间		验收时间	
序号	验收项目		合格	复查问题	备注
1	水路工程				
2	强弱电工程				
3	泥工项目				
4	其他项目				
5	橱柜安装项目		外观检查		
6	台面、门板表面		平整,无裂纹、划痕,无污染	是□ 否□	
7	人造理石拼接处拼接完整		一米以外处直观看不到明显接缝痕迹	是□ 否□	
8	后、侧挡水与瓷砖墙面间隙		不大于3mm;用密胶封闭、打胶平整光滑	是□ 否□	
9	门板安装是否周正、宽窄缝隙		高低一致,中缝宽度一致、基本周正	是□ 否□	
10	拉手安装、是否牢固		处同一水平线、结实	是□ 否□	
11	抽屉、金属拉篮开启、闭合		推拉自然、无沉重感觉	是□ 否□	
12	水盆下水管安装、组装		位置正、无明显歪斜	是□ 否□	
13	上水龙头中度开启		盆下管口交接缝隙无漏湿	是□ 否□	
14	橱柜内隔板、竖版安装		牢固、平整	是□ 否□	
15	橱柜内安装各种管路布置		没有明显外观隐患	是□ 否□	
16	试排风、试水、试用		使用正常	是□ 否□	
17	地板安装项目		外观检查		
18	地板外观安装		牢固,无松动、起鼓现象	是□ 否□	
19	各类地板模拟人为行走		地面无异响出现	是□ 否□	
20	地板表面外观		无鼓包、污斑、掉角、龟裂、划痕等外观瑕疵	是□ 否□	
21	踢脚线收口、与门套碰口		严密,缝隙均匀	是□ 否□	

续表

22	木踢脚45°坡口粘接	牢固、严密，厚度一致，钉帽不外露	是□ 否□	
23	扣条固定安装	牢固，螺帽不得高出扣条表面	是□ 否□	

监理意见：
　　□合格，进行下道工序施工　　　　　　　　□不合格，必须整改并确定复验时间

会签栏	监理方签字	甲方签字	施工方签字
	日期：	日期：	日期：

注：1. 本表由监理单位填写。一式三份，甲乙方、监理各一份。
　　2. 本表第一联：监理方留存；第二联：甲方留存；第三联：乙方（施工单位）留存。
　　3. "√"代表合格；"×"代表不合格。

文明施工巡查记录、主材安装质量检查单

附录A： 文明施工巡查记录

序号	检查项目及要求	前期阶段检查（检查结果）	抽查施工（检查结果）	备注
1	文明施工工地一览表	合格□ 不合格□	合格□ 不合格□	
2	"施工扰邻"标识是否到位	合格□ 不合格□	合格□ 不合格□	
3	"禁止吸烟"标识是否到位	合格□ 不合格□	合格□ 不合格□	
4	门贴保护张贴到位	合格□ 不合格□	合格□ 不合格□	
5	"出门断水电"标识是否到位	合格□ 不合格□	合格□ 不合格□	
6	公司标识是否到位	合格□ 不合格□	合格□ 不合格□	
7	进场弹水平线	合格□ 不合格□	——	
8	电器、弱电、洁具、开关插座、水电、可视电话定位	合格□ 不合格□	——	
9	施工工具堆放到位	合格□ 不合格□	合格□ 不合格□	
10	操作施工并符合安全要求	合格□ 不合格□	合格□ 不合格□	
11	河沙码放是否与水泥码放点分开	合格□ 不合格□	合格□ 不合格□	

续表

序号	检查项目及要求	前期阶段检查（检查结果）	抽查施工（检查结果）	备注
12	板材木方码放点是否到位并一致	合格□ 不合格□	合格□ 不合格□	
13	材料区堆放是否符合要求	——	合格□ 不合格□	
14	墙砖地砖码放点是否符合要求	——	合格□ 不合格□	
15	油漆辅料码放是否符合要求	——	合格□ 不合格□	
16	水电材料码放是否符合要求	——	合格□ 不合格□	
17	阴阳脚线标识是否符合要求	合格□ 不合格□	合格□ 不合格□	
18	门把手以及五金件是否保护到位	合格□ 不合格□	合格□ 不合格□	
19	地面墙面卫生是否及时清理	合格□ 不合格□	合格□ 不合格□	
20	成品安装完成后是否做好保护	——	合格□ 不合格□	
21	卫生间厨房墙面砖铺贴完成后，是否按照要求粘贴水电管线标识	——	合格□ 不合格□	
22	地砖铺贴完毕后是否用保护膜做好保护并粘接到位	——	合格□ 不合格□	
23	窗贴是否已经保护到位	合格□ 不合格□	合格□ 不合格□	
24	施工工人是否着工作服施工	合格□ 不合格□	合格□ 不合格□	

注明：进场前期，监理对工作全面检查一次，对未做到位的工作必须立即或限期补齐，监理应签字确认。施工过程中，监理进行质量检查时，安全是必须检查工作内容，工地文明、卫生应以项目经理、现场带班、工长自检为主。

有重点问题做好记录。作为施工过程管理、处罚、奖励依据。

施工方签字： 监理签字：

附录 B：橱柜安装质量检查单

甲方		乙方		工程地址	
监理方		安装时间		检查时间	
序号	检查项目		检查内容、质量要求	检查结果	查验记录（可选择）
1	台面、门板表面		平整，无裂纹、划痕，无污染	是□否□	
2	人造理石台面拼接处拼接完整		距 1m 处直观看不到明显接缝痕迹	是□否□	
3	后、侧挡水与瓷砖墙面间隙		不大于 3mm；用密胶封闭、打胶平整光滑	是□否□	
4	门板安装是否周正、宽窄缝隙		高低一致，中缝宽度一致、基本周正	是□否□	
5	拉手安装、是否牢固		处同一水平线、结实	是□否□	
6	抽屉、金属件开启测试		推拉自然、无沉重感觉	是□否□	
7	拉篮滑道安装测试		拉开 20mm 自然关合	是□否□	
8	水盆下水管安装、组装		位置正、无明显歪斜	是□否□	
9	上水龙头中度开启		盆下管口交接缝隙无漏湿	是□否□	
10	橱柜内隔板、竖版安装		牢固、平整	是□否□	
11	橱柜内安装各种管路布置		没有明显外观隐患	是□否□	
12	柜体底板内防水铝箔		平伏牢固，无翘边	是□否□	
13	橱柜直排方式简易下水管		宜安装防潮、防虫密封圈	是□否□	
14	柜体内无异味		开柜门时，在距 20cm 处，无刺激异味	是□否□	
15	试排风、试水		使用简便、正常	是□否□	
客户签字			监理签字		

附录C：卫浴、部件安装质量检查单

甲方		乙方		工程地址	
监理方		安装时间		检查时间	
序号	检查项目		检查内容、质量要求	检查结果	查验记录（可选择）
1	坐便器与排污管接口		内用油脂法兰密封底部、内外用硅胶固定封边	是□ 否□	
2	浴缸下水须采用硬质管材连接		插入排水管60～80mm，盛水测试，无外渗水	是□ 否□	
3	台盆排水用硬质管材，（商品自带排水配件除外）设存水弯在各接口		密封，无渗漏，排水通畅	是□ 否□	
4	水槽排水专用管材（自购软管等）接口		密封，无渗漏，排水通畅	是□ 否□	
5	淋浴、脸盆、水槽等各类阀门、龙头安装		牢固，开启灵活，出水顺畅，左热右冷，无渗漏	是□ 否□	
6	卫生间地漏排水方向正确		下水通畅，无积水现象	是□ 否□	
7	各类毛巾架等五金件安装牢固		使用便利，无松动，位置水平，表面无污染	是□ 否□	
8	各类龙头、阀门出墙位置		平整、丝扣紧固适当	是□ 否□	
9	安装各类部件打胶缝隙		光滑、顺直、不遗漏	是□ 否□	
10	各类（管路）检查口		方便检查、位置适当	是□ 否□	
11	浴室柜安装		镜子、柜体安装牢固 与侧旁电源面板位置便于使用	是□ 否□	
12	花洒安装		位置高度适当、龙头后口盖整齐	是□ 否□	
13	卫生间电热水器安装		需安装在承重墙上，应采用顶角支架做支撑	是□ 否□	
14	淋浴隔断安装		移门边框与垂直面有无明显缝隙、外观平整、牢固	是□ 否□	
15	滑道移门安装		滑动顺畅、自然、无异响杂音	是□ 否□	
客户签字			监理签字		

附录 D：室内门窗、垭口安装检查单

甲方		乙方		工程地址	
监理方		安装时间		检查时间	
序号	检查项目		检查内容、质量要求	检查结果	查验记录（可选择）
1	门扇安装牢固		开启灵活，关闭严密、阻滞、反弹、翘曲现象	是□ 否□	
2	门套、垭口周边缝隙		均匀，表面无污染、封闭打胶自然	是□ 否□	
3	铝合金、塑料门窗与洞口墙体要留有一定缝隙		缝隙内不得使用水泥砂浆填塞，应使用具有弹性材料填塞密实	是□ 否□	
4	门框正侧面垂直度		≤ 2.0mm	是□ 否□	
5	门框对角线长度差		≤ 3.0mm	是□ 否□	
6	框与扇、接缝平整高低差		≤ 2.0mm	是□ 否□	
7	门扇与上框、侧框间留缝		≤ 3.0mm	是□ 否□	
8	门扇底部与地面留缝（外门）		范围 4～7mm	是□ 否□	
9	门扇底部与地面留缝（内门）		范围 5～8mm	是□ 否□	
10	门扇底部与地面留缝（卫生间、厨房）		范围 8～12mm	是□ 否□	
11	窗台板安装及两端水平差		牢固、无明显歪斜	是□ 否□	
12	门吸安装		牢固、整齐	是□ 否□	
13	门锁安装		锁开关自然、门扇与门套平齐	是□ 否□	
客户签字			监理签字		

附录 E：地板安装检查单

甲方		乙方		工程地址	
监理方		安装时间		检查时间	
序号	检查项目		检查内容、质量要求	检查结果	查验记录（可选择）
1	产品现场安装时，核对合同内容		有无与业主所选的型号和外观存在差别，数量相符	是□ 否□	
2	询问检查电线管、水管等位置		铺装时注意无损坏	是□ 否□	
3	安装前清洁工作场地		有无达到安装产品的清洁基本要求	是□ 否□	
4	地板安装		牢固，无松动、起鼓现象	是□ 否□	
5	各类地板模拟人为行走		地面无异响出现	是□ 否□	
6	地板与墙面应留伸缩缝		范围 8～10mm	是□ 否□	
7	踢脚线收口与门套碰口		严密，缝隙均匀	是□ 否□	
8	地板表面平整度		≤ 2mm	是□ 否□	
9	板面块之间拼缝平直		≤ 1.5mm	是□ 否□	
10	地板块之间缝隙宽度		≤ 0.5mm	是□ 否□	
11	房间长度超过 8m 时需要设置伸缩缝		范围 8～12mm	是□ 否□	
12	木踢脚 45° 坡口粘接		牢固、严密，厚度一致，钉帽不外露	是□ 否□	
13	条形地板铺设方向		室内房间宜顺自然光方向铺设	是□ 否□	
14	扣条固定安装		牢固，螺帽不得高出扣条表面	是□ 否□	
15	地板表面外观		无鼓包、污斑、掉角、龟裂、划痕等外观瑕疵	是□ 否□	
16	地板铺装完成后，成品保护		是否清洁、有保护	是□ 否□	
17	安装结束，对设备、周边无影响		有无对场地内的物品造成划伤	是□ 否□	
客户签字			监理签字		

附录 F：壁纸铺贴检查单

甲方		乙方		工程地址	
监理方		安装日期		检查时间	
序号	检查项目		检查内容、质量要求	监理意见	检查记录（可连续）
1	墙纸送至现场时，核对订购合同内容		有无与业主所选的型号和花色存在差别	是□ 否□	
2	墙纸铺贴之前，检查外观		墙面应平整、坚实、无粉化、起皮裂纹	是□ 否□	
3	墙纸铺贴之后，检查墙面		拼图案花纹应吻合一致，无明显拼缝，阴阳角顺直	是□ 否□	
4	墙纸铺贴之后，相关边界处		墙纸与装饰线、线盒交接严密、中间无缝	是□ 否□	
5	壁纸接缝		距1.2m处正视，缝隙不明显	是□ 否□	
6	阴阳角接缝处理		阴角处接缝应搭接，阳角处应包角不得有接缝	是□ 否□	
7	壁纸对花		按对花图铺贴，无工艺要求时，浅色碎花可直铺	是□ 否□	
8	壁纸整洁		用专业淀粉胶，成活后无刺激异味	是□ 否□	
9	壁纸铺贴外观		壁纸表面无气泡、裂缝、褶皱、斑污质量缺陷	是□ 否□	
10	壁纸结合边角		整齐、平伏、干净	是□ 否□	
11	其他				
客户签字			监理签字		

常见装修问题300问

1 装修工程判断问题200问

1.1 安全施工判断问题49问

1.1.1 装修安全判断问题

1. 油漆及稀释剂不得堆放在有阳光直射处以及动用明火作业区。（ √ ）
2. 每日施工结束后，下班时关好门窗，关闭电源总闸和户内水管阀门。（ √ ）
3. 装修现场工地，可以使用烧水插入暖瓶口的电器热得快。（ × ）
4. 电工作业需持证上岗，并且证件按时年检，在有效期内。（ √ ）
5. 工地严禁赤脚、穿拖鞋作业，电工作业时应穿电工绝缘鞋。（ √ ）
6. 任何装修施工现场严禁明火。如需动火作业，须报有关部门批准，并做好防护措施。（ √ ）
7. 施工现场禁止吸烟和饮酒，施工现场内不得有烟头和酒瓶。（ √ ）
8. 现场100m² 以下配备灭火器，位置摆放正确，压力合格。（ √ ）
9. 复式住宅准备启用，临时楼梯、平台或低于0.9米的落地窗要有防护栏，高度不低于1.05米。（ √ ）
10. 搭建脚手架应结构牢固。挑板应固定，严禁悬挑；钢脚手架滑轮要定位，高空作业应采取安全措施，佩戴登高保险带。（ √ ）
11. 施工尾期时，人字梯应牢固，并有防滑措施，地面施工完成后，需对梯脚进行包裹保护。（ √ ）
12. 进户门应贴有门贴，字面朝外粘贴在大门中央。（ √ ）
13. 施工现场应有带公司标识的安全警句和窗贴，并张贴在醒目位置。（ √ ）
14. 门窗把手各类仪表、暖气片、暖气水口、客户留存现场的成品等各类成品须用保护膜完全包裹。（ √ ）

1.1.2 装修文明施工判断问题

15. 在施工地进场后,应沿开关下沿弹施工水平线。(×)

16. 墙砖施工完毕后根据水电管路走向粘贴带有公司标志的水电标识,并应向客户提供水电路改造图纸,标明导线规格和暗线管走向。(√)

17. 厨房、卫生间下水管、坑管必须有防堵措施保护,防止杂物掉落堵塞下水管道。(√)

18. 施工现场生活用品入袋存放或装入周转箱,并堆放整齐,生活垃圾即时装袋,每日清理。(√)

19. 建筑垃圾做到日清,如在室外无法堆放时,应在室内装袋集中堆放。(√)

20. 住宅施工现场必须配备临时马桶,使用后及时冲洗,无异味。(√)

21. 施工现场材料应集中、分类堆放,并码放整齐。(√)

22. 装修用水泥、砂石、砖、砌块不得放在阳台侧,黄砂不能靠墙堆放。(√)

23. 施工现场袋装或箱装材料应距墙 0.5 米,码放方正,堆放高度不得超过 1.2 米。(√)

24. 电动工具应集中存放,不得随意乱放。在停工后放入工具箱。(×)

25. 不得直接在已铺设地板上随意拖拉大件物品,防止划坏地面。(√)

26. 洁具、电器、五金件应放在室内不易碰撞位置,安装前包装完整。(√)

27. 三居室客厅不得堆放水泥、砂袋和腻子粉,应放在卧室内。(√)

28. 进场施工,工长和甲方或客户需做现场原状交接,需留存书面表单并双方签字。(√)

29. 装修施工浸泡墙地砖要使用专门器具。(√)

30. 不管任何工地,地砖施工完成后要有保护措施,且保护完整。(√)

31. 最后一遍乳胶漆施工未结束前,木地板可以提前撤离材料保护措施。(×)

32. 坐便器安装后不得使用,并有保护措施;浴缸安装后须用有强度的材料保护。(√)

1.1.3 装修现场管理判断问题

33. 装修装饰中,可以擅自改变住宅外立面,任意在墙体上开门窗洞口。(×)

34. 可以擅自拆改扩充卫生间使用区间面积,改变阳台用途。(×)

35. 可以擅自拆改扩大主体结构上原有门窗洞口,拆除连接阳台的墙体。(×)

36. 室内湿作业施工温度不能低于1℃,涂饰工程施工不低于5℃。(√)

37. 建筑工程通常分为主体结构工程、基础工程、装饰装修工程三部分。(√)

1.1.4 施工图纸判断问题

38. 装饰平面图的种类,有俯视平面图和仰视平面图两种。(√)
39. 楼梯图一般有平面图、剖面图、详图三个部分组成。(√)
40. 工程上习惯把使物体产生运动和产生运动趋势的力称为荷载。(√)
41. 图纸上标注比例是1∶30,即图中尺寸比实际物体小1/30。(√)
42. 对于同构件用1∶20的比例,画出的图形比用1∶10的比例画出的图形要大。(×)
43. 图形与实物相对应的线形尺寸之比称为比例。(√)
44. 看施工图要把平面、立面、剖面图结合起来,理解三者的相互关联。(√)
45. 施工详图常用比例是(D)。
A. 1∶5   B. 1∶10   C. 1∶30   D. 以上都是
46. 平面图的用途是在施工时放线、安装门窗、做装饰装修预算、核算各物料量等。(√)
47. 看立面图和剖面图可了解,房屋建筑的标高、总高度、室内装饰等。(√)
48. 剖面图中可了解顶、墙地面的构造。(√)
49. 平面图中可看房屋的长度、宽度、门窗洞口位置。(√)

1.2 电路施工判断问题 44 问

1. 住宅在施工地现场必须配备二级临时配电箱,施工用电必须从施工配电箱接出(二级保护),不得直接使用原有插座取电。(√)
2. 临时配电箱必须带漏电保护器并动作正常、接线正确、引线固定,内部配件完好齐全,接线端子不得裸露带电。(√)
3. 电动工具应使用配套电线和插头,连接线必须使用护套线,不得用"麻花线"或弱电线代替。(√)
4. 墙面腻子,油漆工打磨砂纸必须使用合格的带护罩的防爆灯,不得使用自制手把灯。(√)
5. 电线头严禁裸露带电,隐蔽验收后,线头用绝缘布包好,卷入暗盒,临时照明要有控制开关并固定,严禁裸线搭接。(√)
6. 电路施工在插座接线时火线和零线换位置效果是一样的,并不影响电器的正常使用。(×)
7. 室内2.5mm^{2}的电线指的是导线除皮后的直径1.78mm。(√)
8. 电路接线相线进灯头,零线进开关。(√)
9. 配电系统应设置配电室、总配电箱、分配电箱实行分级配电,即三级配电、

二级漏电保护。（√）

10. 室内新装配电箱必须设置漏电保护器（动作电流≤30MA），总开关必须使用单极开关。（√）

11. 按照电气系统图配线，导线接入断路器时必须勾头压接，零、地排接线端子上压接导线的回转（逆时针）方向要正确，接线牢固。（√）

12. 配电箱内禁止同一端子压接双股线；断路器或零、地排上可以将不同线径的导线在同一端子上压接。（√）

13. 电源配选导线时，应符合设计要求，所用导线截面应满足用电设备、用电器具的最大输入功率。（√）

14. 管内导线截面积不超过管内径截面积的50%，即：6分管每根穿线≤3根（4mm²）或5根（2.5mm²）；4分管每根穿线≤3根（2.5mm²）。（×）

15. 电工安装时，电源插座接线顺序应符合以下规定：面对插座左相右零，接地在上。（√）

16. 当8芯超五类网络线做电话线使用时，使用蓝、白蓝、绿、白绿颜色线，其余4根颜色线保留备用。（√）

17. 浴霸的安装位置应在淋浴房内侧，尽量安装在淋浴部位正上方。（√）

18. 洗衣机电源应安装带开关功能防水插座，距地面高度为1400mm，出水口高度应在洗衣机上方200mm。（√）

19. 墙面电线管开槽深度不小于管外径加15mm，开槽宽度比管的外径大10mm左右，电线管并排在一起时，线管间应分隔开。（√）

20. 同一线路上不得超过四个弯头，超过时必须设置分线盒。（√）

21. 吊顶上的灯具、风口及检修口和其他设备，可以固定在龙骨吊杆上。（×）

22. 卫生间铺贴墙砖时，墙面下方等电位端子可以封闭。（×）

23. 塑料电线保护管、接线盒必须使用阻燃型产品。（√）

24. 强电电线与弱电电线可以穿入同一根管内。（×）

25. 墙体内布线应穿管敷设，可将导线直接裸露敷设在吊顶内。（×）

26. 管内电线可以有扭结和接头。（×）

27. 厨房、卫生间区域，电路管道可以铺设在顶面或地面，电路与水路间距宜大于50mm。（×）

28. 大功率家电设备，用电器具应单独选配布线和安装电源插座。（√）

29. 卫生间照明开关宜安装在门外开启侧墙上，其他面板安装必须符合防水保护要求。（√）

30. 强弱电电线盒间距不宜小于500mm。（√）

31. 电路线管固定，吊卡/专用卡间距不应大于1m，剔槽墙内需用铜丝绑扎到位。（√）

32. 电线管与配电箱、线盒必须使用锁扣连接。（√）

33. 吊顶内灯头线加软管保护，并用盖板与分线盒连接。（√）

34. 厨房、卫生间区域，电路管道应铺设在顶面，电气管路与给水管路间距宜大于 20mm。（√）

35. 开关面板安装端正，紧贴墙面无缝隙，表面洁净，跷板开关的安装方向一致，下端按入为通，上端按入为断。（√）

36. 电线绝缘性能要求，导线间和导线对地面间绝缘电阻应大于 0.5Ω。（√）

37. 低于 2.5 米所有灯具必须加装接地保护线。（√）

38. 电线管使用镀锌钢导管时，管与管、管与盒接头处，应按要求做跨接防护处理。（√）

39. 室内布线应采用绝缘良好的铜芯导线，且属于强制认证（CCC）的电线产品，有产品合格证和认证证书。（√）

40. 灯具严禁木榫固定，重量大于 5kg 的电器物品，应固定在螺栓或预埋吊钩件上，且牢固可靠。（×）

41. 热水器水管接头或阀门正下方不得安装电源插座。（√）

42. 不锈钢水管有保障家庭用水在传输过程中不被二次污染性能。（√）

43. 不锈钢水管耐用、正常使用后很少维修。（√）

44. 不锈钢水管（304 食品级）不生锈，不容易老化，承压能力高，热膨胀系数小。（√）

1.3 给水排水施工判断问题 19 问

1. 根据施工图纸要求，洗衣机设置专用地漏，一台洗衣机和墩布池并排安放时，地漏可以直接加在排水干管上，应有 45°斜三通；地面应另设置清扫地漏一个。（√）

2. 滚筒洗衣机在放置位置无法做地面排水时，以及洗衣机排水需求，预留墙面排水管。（√）

3. 水管穿基础墙时，设置比敷设管道大 1~2 号的金属管套，填充密实，且套管固定牢固。（√）

4. 顶棚水管安装应使用支、吊架固定，应平直、牢固；U 形卡固定时，禁止开口朝下。（√）

5. 水电管可以同槽布置，电上水下，线管排列要合理。（×）

6. 给水管道安装完成后，只要安装牢固，无需进行打压测试，接通自来水无渗漏就可以。（×）

7. 水路开槽顺直，水管敷设横平竖直。（√）

8. 不同品牌、材质的PPR管材可以热熔连接。（×）

9. 新敷设的排水管必须有>1%的坡度坡向原排水口。（√）

10. PPR给水管道在结构墙体内暗敷设时，出墙内丝直角弯头管口必须与墙面垂直，安装完成面应低于墙面面层材料0~5mm。（√）

11. 卫生间器具、浴缸排水口应对准排水管口并做好密封，应采用普通塑料软管连接（原配专用硬管除外），不宜使用硬管连接。（√）

12. 经过走廊顶部远距离输送冷热水管要包裹橡塑管套并用扎带缠绕、包裹，以防止冷凝水产生（√）。

13. PB管也是一种热熔管其热熔温度低于PPR管，建筑开发商有用。（√）

14. 铝塑管是采用热熔的方式连接后固定管与管件。（×）

15. PVC管是采用锥度锁紧的管件连接管与管件。（×）

16. PPR管是采用胶粘接的方式固定连接管与管件。（×）

17. 镀锌水管是采用丝扣和生胶带固定管件。（√）

18. 安装八字阀是为了彻底断开冷热供水更易于维修。（√）

19. 检验水管不漏的最主要唯一标志是："打压试验合格"。（√）

1.4 施工尺寸和答案选择问题19问

1. 住宅装饰装修工程施工规范：窗帘盒宽度应符合设计要求，当设计无要求时，宜伸出窗口两侧（D）mm。
   A.100~200　　B.150~200　　C.100~300　　D.200~300

2. 灯槽挡板外挡板宽常规一般是（A）
   A.8cm　　　　B.12cm

3. 常用灯槽内宽尺寸是（ABC）
   A.10cm　　　B.12cm　　　C.15cm　　　D.18cm

4 窗帘盒一般距离墙面预留出（A.B）空间
   A.15cm　　　B.20cm　　　C.25cm

5. 住宅客厅背景墙尺寸设计长、宽比例（A）通常人们管它叫黄金分割比例。
   A.（1:0.618）B.（1:0.6）

6. 新建门洞口，常规高度设计尺寸不少于并与原有门洞口高度一致。（A）
   A.2.15m　　　B. 2m

7. 波打线常用宽度为根据空间需要进行设计搭配。正确宽度是（BCD）
   A.6cm　　　B.8cm　　　C.10cm　　　D.12cm　　　E.15cm

8. 马桶所占的面积尺寸一般不小于。（B）
   A.35cm×55cm　　　B.37cm×60cm

9. 马桶前侧活动区宽一般不小于（ B ）
A. 不小于 55cm   B. 不小于 61cm

10. 马桶两侧活动区宽常规尺寸（ A ）
A.30 ~ 45cm   B.35 ~ 50cmm

11. 盥洗池、悬挂式或圆柱式盥洗池（柱盆）一般占用的面积。（ B ）
A.60cm×60cm   B.70cm×60cm

12. 盥洗池占地一般面积尺寸。（ A ）
A.90cm×100cm 中型   B.100cm×100cm 中型

13. 盥洗池高度（ A ）还分工装还分男、女式。
A.81cm ~ 85cm 通用   B.75cm ~ 88cm

14. 淋浴房（淋浴间正方形）施工占面积的常规尺寸是的不小于（ A ）
A.80cm×80cm   B.100cm×100cm

15. 卫生间花洒开关高度。（ B ）
A.90 ~ 110cm   B.105 ~ 128cm

16. 淋浴间门前通道常规宽度。（ B ）
A.68cm 最少   B.76cm 最少

17. 花洒喷头安装高度（ B ）
A. 不少于 175cm   B. 不少于 185cm

18. 墙面砖普通镶贴做灰饼的间距为。（ B ）
A.1.2m   B.1.5m   C.2m   D.2.5m

19. 工装墙砖镶贴时，如遇浴室洗手池、固定镜块以（ B ）往两面分贴。
A. 左侧   B. 中心处   C. 右侧   D.2/3 处

1.5 瓦工施工判断问题 41 问

1.地漏安装应平正、牢固，地漏排水口中心位置必须与排水管道中心对齐，地漏面板略低于地砖面 1 ~ 2mm。（ √ ）

2.在卫生间嵌入墙体和地面的暗管及槽内应进行防水处理，并用水泥砂浆抹砌保护。（ √ ）

3.淋浴墙面的防水层高度 ≥ 1800mm，浴缸墙面 ≥ 1500mm，其他部位 ≥ 250 ~ 300mm。（ √ ）

4.闭水试验水深最高点不低于 20mm，时长不低于 12 小时。（ × ）

5.墙面砖套割标准:方孔套割缝口要适当，边缘缝隙小于 5mm，且边缘整齐，缝隙均匀，套孔圆顺，无毛刺。（ √ ）

6.瓦工瓷砖开圆孔必须使用开孔器，腰线上不得开孔。（ √ ）

7. 墙砖镶贴时，对表面很光滑的混凝土基层应先进行"毛化处理"。（ √ ）

8. 卫生间等电位外露端子可以封闭，四周洁净无污渍。（ × ）

9. 墙砖排砖原则：阴角处排整砖，沿阴角向阳角方向铺砖，将不小于 1/2 的非整砖排在阳角处。（ √ ）

10. 瓷砖压向：阴角处应先粘贴侧面墙，后贴进门对面墙，要求整砖压非整砖，确保从进门的主视线角度看不到砖缝。厨卫墙、地砖铺贴，常规要求是墙砖压地砖。（ √ ）

11. 墙面开关、插座、孔洞等突出处，应整砖套割吻合，圆规方正，表面完整平顺，不得用非整砖拼凑粘贴。（ √ ）

12. 施工检查墙砖铺贴允许偏差，用 2m 靠尺和塞尺检查，平整度 2mm，垂直度 2mm。（ √ ）

13. 墙面砖粘贴完，用专用直角尺检查，阴阳角方正允许偏差 2mm。（ √ ）

14. 墙面砖镶贴空鼓标准：单块墙砖边角空鼓面积总和不大于该砖面积的 15%（边长≥300mm）和 10%（边长小于 300mm），累计空鼓不得超过铺贴数量的 5%。（ √ ）

15. 接缝高低差≤0.5mm，接缝直线度≤2mm，接缝宽度误差值≤1mm，踢脚线上口平直度≤2mm。（ √ ）

16. 地面排砖应按房间纵、横两个方向排尺寸，当尺寸不足整砖倍数时，将非整砖用于边角处。横向平行于门口的第一排应为整砖，将非整砖排在最里侧靠墙位置。（ √ ）

17. 新建非承重墙砌筑牢固，新建非承重墙应在每 3 层轻体砖之间，在原墙体上预埋膨胀螺栓用钢筋连接或直接在原墙面植筋。（ √ ）

18. 卫生间地砖铺贴工艺应为干铺法。（ × ）

19. 水泥采用硅酸盐水泥，不同品种、不同强度的水泥可混用。（ × ）

20. 卫生间铺贴大理石、过门石时，两窄边和墙门框间的缝隙要用水泥砂浆填充实。（ √ ）

21. 水泥砂浆抹灰工程应分层进行。当抹灰总厚度≥50mm 时，应采取加强措施。（ √ ）

22. 不同材料基体交接处表面的抹灰，应采取防止开裂的加强措施，当采用加强网时，加强网与基体的搭接宽度不应小于 150mm。（ √ ）

23. 卫生间干区地面排水坡度应为 1%，淋浴房地面排水坡度应为 1.5%，从地漏边缘向外 50mm 内再次加大排水坡度为 5%。地漏排水畅通，地面无积水，周边无渗漏。（ √ ）

24. 各种陶瓷类器具可以使用水泥砂浆固定、底座窝嵌。（ × ）

25. 坐便器与排污管接口应使用配套法兰密封，外部用硅胶封边。（ √ ）

26. 釉面砖镶贴一般程序，应先贴大面、小面、后贴阴阳角。（√）

27. 镶贴天然浅色石材时，必须在石材背面刷防护环保胶。（√）

28. 墙面排砖时应从中间向两边排，小砖留在墙角处。（×）

29. 瓷砖空鼓现象就是因为基层清理不干净或水泥比例少。（×）

30. 镶贴瓷砖在水泥砂浆中掺入一定量的建筑胶，便于粘贴，并起到一定的缓凝作用。（√）

31. 建筑石膏的主要成分是半水石膏，在硬化过程中，体积具有微涨的特点。（√）

32. 看装饰图纸要把平面布置图、天花图、立面图、剖面图、节点图综合一起看，掌握它们之间的相互关系。（√）

33. 擦缝勾缝的目的不仅仅是为了美观，还有让墙地砖牢固的作用。（√）

34. 在地面压光过程中，撒了较多的干水泥是地面起砂的原因之一。（√）

35. 拉毛抹灰适用对音响有一定吸声要求的墙面。如家装里的游艺厅、影视室普通的装饰墙面。（√）

36. 水泥的初凝时间不早于 45min，终凝时间不得迟 10h。（√）

37. 基层清理不干净、浇水不透，易造成墙面抹灰层空鼓。（√）

38. 水泥强度较低，砂粒过细，易造成水泥砂浆地面起砂。（√）

39. 标准房间镶贴砖时，用高档瓷砖质量好的可以不进行预排。（×）

40. 瓷砖勾缝的目的不只是为了美观，更重要的是粘接牢固。（√）

41. 常规瓷砖的吸水率不得大于 8%。（√）

1.6 木作施工判断问题 20 问

1. 现场使用的木材含水率不大于 12%，并做好防腐、防蛀、防火处理。饰面板应选用同一批号的产品。（√）

2. 木制作、隔墙基层底板在地面未施工前进行安装，应根据地面面层设计标高，将木龙骨、基层底板底部与地面面层间预留 10～15mm 的空隙，防止后期地面施工时底部受潮。（√）

3. 在较硬的木线施工安装时，应用木钻头线钻透眼，再用钉子钉牢，以免劈裂。（√）

4. 雨天不建议铺木地板，容易出现变形或空鼓现象。（√）

5. 特殊情况时，木龙骨吊顶中木龙骨与顶面连接用木楔子加钢钉固定。（√）

6. 特殊情况时，木龙骨吊顶主龙骨间距≤900mm，副龙骨间距≤600mm，表面满刷防火涂料。（√）

7. 复杂吊顶龙骨安装前，应在顶棚上弹出吊顶各造型块边线，并确定灯具、

管道、其他设备等位置，将吊杆、龙骨（主龙骨、次龙骨）做合理避让后，再按线施工。（√）

8. 轻钢龙骨吊顶完成面到结构顶棚板面的高度在大于 1.5m 小于 3m 的范围内，应设置反向支撑。（√）

9. 当吊顶面积 >50m² 时，龙骨应按房间长向跨度的 1/200 起拱。（√）

10. 轻钢龙骨吊顶吊筋间距为 900～1200mm，主龙骨布置方向通常为沿房间长向布置，间距不大于 1000mm，主龙骨悬挑长度不大于 500mm。（√）

11. 卫生间、厨房等潮湿环境可使用普通纸面石膏板吊顶。（×）

12. 石膏板安装时要求反面朝外（有商标为反面），石膏板纵向（长边）要求垂直于副龙骨固定。（√）

13. 为保证防止开裂，石膏板应在自由状态下安装固定。每块板均应从四周向中间放射状固定。（√）

14. 跌级型吊顶底面的转角部位，石膏板必须整块铺设（切割成 L 形、T 形或十字形）不得在转角部位留直缝拼接。（√）

15. 隔墙石膏板固定应用自攻螺钉，长边接缝在横龙骨上。（√）

16. 为减少开裂内因，石膏板的横、纵接缝应错开，不得在一根龙骨上，不允许出现十字通缝。（√）

17. 铝合金门窗安装应横平竖直，与洞口墙体留有一定缝隙，缝隙内使用水泥砂浆填塞密实。（√）

18. 轻钢龙骨隔墙安装，竖向龙骨间距不宜大于 400mm，超过 3m 的安装一道贯通龙骨。（√）

19. 自攻钉距离石膏板包封边以 10～15mm 为宜，距离切割边以 15～20mm 为宜，顶头埋入板面 0.5～1mm，但不得损坏纸面。（√）

20. 严禁用纯水泥加胶水镶贴普通石膏板，石膏板上可以用石材类（大理石）胶粘局部小面积墙砖。（√）

1.7 涂饰施工判断问题 8 问

1. 在雨天尽量不进行木制作油漆施工，否则会导致色泽不均匀、出现漆膜返白现象。（√）

2. 雨季墙面刷乳胶漆，注意延长第一遍刷完后的干燥时间。（√）

3. 乳胶漆涂刷应均匀，常规应一地二面，无漏涂、流坠、透底、起皮、粉化，无明显色差及刷痕。（√）

4. 原墙面刮腻子前，因为工期紧，为减少墙面潮湿度，可使用除湿机或风扇进行干燥处理。（×）

5. 不同材质基层的接缝处应粘贴接缝带。(√)

6. 接缝填补：填补找平厚度超过 8～10mm 应分两次批刮，用刮刀将嵌缝料用力压入接缝内，第一遍完全干燥后再补第二遍，将纸面石膏板的楔形边同接缝一并填满且与板面齐平。(√)

7. 接缝粘贴纸带：纸带浸泡湿润后，使用白乳胶将接缝纸带粘贴在板缝处，接缝纸带接长或纵横交接处，采用对接方式，使用壁纸刀裁切，确保接缝整齐严密、无缺损错位，用抹刀刮平压实，纸带下同嵌缝石膏间不得有气泡。(√)

8. 乳胶又叫白乳胶，当胶液过浓，可多加水搅拌使用。(×)

2 装修施工填空问题 100 问

2.1 现场管理及水电路填空问题 33 问

1. 装修现场居室在 100m² 以下配备（2 个 5L）灭火器，每增加（50）m² 增加一个灭火器。

2. 不得使用客户的（新的坐便器、浴缸）等卫浴设施，保护好客户产品。

3. 施工现场临时照明应高于（2.4m）并要有开关控制，不得用电线搭接控制或接长明灯。

4. 施工现场禁止擅自使用（电炉、燃油炉）做饭，杜绝失火安全隐患。

5. 在施工后期，窗帘杆、灯具安装时，应做好高凳、梯子腿包裹保护措施，以避免高凳、梯子（划伤地板）。

6. 电路匹配布线规定：相线与零线的颜色应不同，住宅内相线颜色应统一，相线宜用（红）色，零线宜用（蓝）色，保护线必须用（黄绿双）色。

7. 接地保护线符号代表（PE），相线符号代表（L），零线符号代表（N）。

8. 电源线插座与信息插座位置的水平间距不宜小于（500）mm。

9. 灯具、灯饰等重量大于（3）kg 的电器物品，应固定在螺栓或顶埋吊钩件上，且牢固可靠。

10. 穿管布线，管内导线与用的总截面积大应大于管内截面积的（40）%。

11. 吊顶内过路线盒应有（盖板），且（软管）到灯位。

12. 电路分线盒设置要求：无弯（30）m 安装线盒；一弯（20）m 安装线盒；二弯，（15）m 安装线盒；三弯（8）m 安装线盒。

13. 单根电线管弯头不能超过（3）处，电线管连接必须使用直接管箍和专用胶水。

14. 常用的单芯线的截面积有（四种规格）1.5mm²、2.5mm²、4mm²、6.0mm²。

15. 电路暗装开关插座较为常用的型号为（86）型、（120）型。

16. 人体能承受的安全电压是（36）伏特。

17. 电线的正常使用寿命是（30）年。

18. 普通断路器都具有过载保护和短路保护功能；配置方法：（10A）适用照明线路，（16A）适用插座线路。

19. 给水排水管路冷热水管平行敷设，常规间距（150）mm。

20. 面对水龙头,热水在(左)冷水在(右)，阀门的安装位置应便于维修及使用。

21. 管道的连接形式可按照敷设方式、管径和安装位置等因素选定。明敷和非直埋管道宜采用（热熔）连接，安装困难场所可采用（电熔）连接；与金属管或用水器具连接应采用（螺纹或法兰）连接；直埋管道不得采用螺纹或法兰连接。

22. 冷水管试验压为设计压力的（1.5倍），但不小于（0.9MPa）。

23. 热水管试验压为设计压力的（2倍），但不小于（1.2MPa）。

24. PP-R是（无规共聚聚丙烯）的英文缩写，也称为三型聚丙烯。

25. 室外管道宜加（保温层），以防冻裂管道，并加装遮光层，防止（紫外老化）。

26. 一般来说，地板辐射采暖系统的进水温度不宜超过（65℃），进回水温差不超过（10℃）。

27. 住宅PP-R管道明敷时应有防止碰撞的（保护措施），一般在容易受到碰撞的部位，可采用保护设备设在（管道外面），不让外力直接接触。

28. 住宅应考虑管道因温度变形的补偿措施：建筑给水聚丙烯管道随温度的变化，管道长度将发生显著变化。防止管道变形措施，主要指抑制管道（轴向伸缩）或让其（自由伸缩）。

29. 在PP-R管道用于输送热水时应注意采取保暖措施，防止（发生冷凝现象）。

30. 当施工场所温度过低时（低于5℃），应（停止PP-R的施工）或（提高环境温度）；如果管道刚从材料库房取出，应在环境温度下静置一段时间，防止管材本身温度过低而引起端口凝露。

31. 冬季施工、搬运过程中要注意（轻拿轻放），杜绝（暴力敲击）或折弯管道。

32. 冬季焊接温度可适当提高5～10℃，或者适当增长焊接时的（吸热时间）。

33. PP-R管道抗低温霜冻性差，系统试压后需要越冬的，应注意（放空水管），以免结冰，胀裂管道。

2.2 装修各工种施工填空问题44问

1. 木作项目新建轻钢龙骨隔墙，在潮湿处安装轻质隔墙应做（防潮）处理，需在扫地龙骨下设置用（混凝土或砖砌）的地枕带，一般地枕带高度不低于（300）mm，宽度与隔墙宽度一致。

2. 低于3m的隔墙安装（一道）贯通龙骨，超过3m的安装（两道）贯通龙骨。

3. 吊顶龙骨须按规定进行（防火）、（防锈）、（防潮）处理。

4. 门窗安装应横平竖直，与洞口墙体留有一定缝隙，缝隙内不得使用（水泥砂浆）填塞，应使用具有（弹性）材料填嵌密实，表面应用中性硅酮密封胶密闭。

5. 新建门窗洞口上方，为保证安全，须设置（过梁）。

6. 装修用水泥强度等级不应小于（32.5），砂应为中砂，含泥量不应大于（3%）。

7. 水泥砂浆地面找平厚度不应小于（20mm），水灰比应为（1∶2.5）。

8. 自流平的地面面层2m²内的平整度应小于等于（2mm）。

9. 卫生间防水层应从地面延伸到墙面，高出地面 300mm，淋浴墙面的防水层高度不得低于（1800mm），浴缸、水盆处墙面防水层高度不宜低于（1500mm）。

10. 使用卷材或玻纤布防水时，接茬应（顺流水）方向搭接，双层交错搭接的宽度应符合设计要求。

11. 墙面基底充分湿润，涂刷界面剂，光面基底需采用（拉毛）工艺处理。

12. 水泥砂浆找平后要对墙面进行养护，最好采用（淋水）养护。

13. 厨房卫生间需进行边缝打胶，必须使用（中性）玻璃胶，以减少污染物。

14. 墙面砖需要自然养护（2～3）天，地面砖需要自然养护（3～4）天，必要时可搭行走跳板。避免人为踩踏造成瓷砖松动。

15. 施工现场应配备临时（配电箱），所有施工用电均应从临时（配电箱）取电。

16. 室内新装配电箱必须设置漏电保护器，动作电流≤（30mA）。

17. 住宅用漏电保护器应具有（漏洞）保护、（过电流）保护和（短路）保护功能。

18. 各种陶瓷类器具不可以使用（水泥）固定、底座（窝嵌）。

19. 防水为了确保万无一失，除表面涂膜足够厚外重点部位还要加做一层，这些重点部位主要包括（管根）、（接缝）、（过门石）、（墙面与地面交接处）等。

20. 墙面镶贴玻化砖、地砖上墙或吸水率很小的墙砖时，应使用（瓷砖粘接剂）做为铺贴粘接材料，可以防止墙砖空鼓、脱落，该工艺在装修工人中称为（薄贴法或二部铺贴法）工艺。

21. 乳胶漆涂饰施工前，根据墙面平整度误差大小不同，可以采用不同的找平材料（水泥砂浆找平）、（石膏板找平）、（石膏粉找平）、（腻子找平）进行基层找平处理。

22. 住宅装饰装修过程中,可能产生的空气污染物质主要有五种。它们是（游离甲醛）、（苯）、（总挥发性有机物 TVOC）、（氡）、（氨）。

23. 装饰装修选用石材，表面应（光洁）、边角（整齐）、尺寸颜色（一致）。

24. 瓷砖粘接剂搅拌好后，外观的基本特点是：不（滴落）、不（淌流）、具有足够的（调整）时间。

25. 各类石材在安装前，应先期对（颜色）和（纹理）都要预先排列，有必要时对石材片进行（编号）。

26. 轻钢龙骨隔断的龙骨与主体结构可采用射钉紧固，射钉间距为（ A ）。

  A. 不大于 1m   B.1～1.2m   C.1.2m 以上   D. 不大于 0.6m

27. 铺设木地板，房间中靠墙的地板应（ D ）铺设。

  A. 紧贴四边墙   B. 离开四边墙各 8mm

  C. 紧贴前后两边墙   D. 离开四边墙各 10mm

28. 木楼梯靠墙踢脚板是（ C ）的做法。

A. 踏步之间用三块板拼成，口口为通常板条

B. 木材用三角形木板做成

C. 通长木板做成踏步形状

29. 北方地区主材木质类家具，木制品的木材含水率为（ A ）。

A 不大于12%　　B 小于10%　　C. 大于15%　　D. 小于20%

30. 装饰装修分项工程质量评定，有初级管理体系和正规管理体系区别是（初级是二级：合格、不合格　正规体系是三级：合格、优良、不合格）。

31. 水路中膨胀伸缩节的作用有（ C ）

A. 抵抗高速水流中杂质对管道内壁的磨损　　B. 杜绝漏气漏水现象

C. 补偿排水主立管的热胀冷缩现象　　D. 紧固连接管道

32. 关于PP-R管道的安装，以下说法不正确有（ C ）。

A. 建筑冷热水用PP-R管道宜采用暗敷

B. 给水增压水泵房不宜采用PP-R管道

C. PP-R管道耐紫外线性能较差，不可进行户外敷设

D. PP-R管道低温冲击性差，冬季应注意放空水管，以免结冰胀裂管道

33. 地漏的水封深度不得小于（ C ）。

A.45mm　　　　　B.50mm

C.60mm　　　　　D.70mm

34. 选择适宜的管系列至关重要，已知系统的设计压力为0.8MPa，使用工况为供应60℃热水，则PPR管材宜选择的管系列为（ ABCD ）

A.S5　　　　　　B.S4

C.S3.2　　　　　D.S2.5

35. PP-R管道常用的颜色有白色、绿色、灰色，按照其透光性的大小排列顺序应为（ A ），其中白色的管道在安装时强烈建议暗敷。

A、白＞绿＞灰，白　　　　B. 绿＞白＞灰，灰

C、白＞灰＞绿，绿　　　　D. 灰＞白＞绿，白

36. 给水增压水泵房不宜采用PP-R管道，如需使用，应符合下列条件:(一)、按设计压力选用的管系列S应提高一档确定;(二)、系统工作压力≤(B)MPa;(三)采用其他有效防水作用的技术措施。

A.0.8　　　　　B.0.6

C.0.9　　　　　D.1.2

37. PP-R管道材料的防火等级为（ C ），防火等级高于HDPE等材料。

A. A级，不燃性　　　B. B1级，难燃性

C. B2级，可燃性　　　D. B3级，易燃性

38. 以下应用领域中，哪一个不是PP-R管道通常的用途（ D ）。

A. 自来水管　　　　B. 生活热水管
C. 连接散热片　　　D. 地暖盘管

39. 一般来说，PP-R 类管道焊接温度为 260℃左右，而 PB 类管道的焊接温度一般为（ B ）左右。

A. 200℃　　　　　B. 240℃

C. 280℃　　　　　D. 300℃

40. 使用水管 PPR 管道系统由厂家提供的免费上门验收服务——管家服务，验收合格之后承诺的双质保服务是（ C ）。

A. 产品质量质保　　　　　B. 焊接质量质保

C. 产品质保和焊接质量质保　D. 管材质保

41. 镶贴装饰面砖时如遇灯具、电器设备支撑、卫生设备支撑，应从（ C ）粘贴。

A. 预留孔洞　　　　B. 拼凑镶贴

C. 整砖套割　　　　D. 协商解决

42. 装修中阳台墙面贴砖，原墙有涂料是否要进行处理。（ A ）

A. 整体清理　　B. 用钢丝刷刷一遍　　C. 刷墙固直接贴砖

43. 施工队作业应做到"四不"请填空。

不合格材料不用

不合格工序不交接

不合格（施工工艺）不采用

不合格（施工项目）不交付

44. 装饰施工班组用的检查"三检制"。

A. 班前自检

B. 班中互检

C.（施工抽检）

2.3　装修设计、材料、施工一般规定填空问题 23 问

一、设计要求填空问题

1. 居住建筑装饰装修工程应进行设计，按规定达到（设计深度）的施工图。保证装饰工程不会因为图纸不"细致"而造成施工不便。

2. 居住建筑装饰装修工程设计应符合规划、（消防、环保）、节能等有关规定。尽量采用绿色设计理念开展装饰装修设计施工。

3. 建筑装饰装修设计的单位应对建筑进行（实地勘察，设计深度）应满足施工需求。

4. 装修工程设计必须保证建筑物的（结构安全）和主要使用功能。当涉及主

体和承重结构改动或增加荷载时,应有(原结构设计单位)或具备相应资质的设计单位核查有关原始资料,对既有建筑结构的安全性进行核验、确认。

5. 建筑装饰装修工程的(防火)、防雷和抗震设计,应符合现行国家标准的规定。

6. 当墙体和吊顶内的管线可能产生冰冻或(结露)时,应进行防冻(或防结露设计)。

二、材料应用法规填空问题

7. 建筑装饰装修工程所用材料的品种、规格和(质量),应符合设计要求和国家现行标准的规定。严禁使用国家明令(淘汰)的材料。

8. 居住建筑装饰装修工程所用的材料燃烧性能,应符合国家现行标准(《建筑内部装修设计防火规范》GB 50222)规定。

9. 建筑装饰装修工程使用的材料应符合国家有关建筑装饰装修材料有害物质(限量标准的规定)。

10. 材料进场时应对品种、规格、外观和质量(进行检查验收)。

11. 墙面所用保温材料的类型、品种、规格应符合设计要求和(双方约定)。

12. 承担装修工程施工前主要材料应经关各方确认。甲方认为有必要时,可通知监理方和乙方,对异议材料(进行复验)。在不增加工作量的前提下,乙方应(积极配合)。

13. 装修工程应优先使用省市级鉴定通过(新材料、新技术、新工艺、新设备)。

三、施工法规填空问题

14. 承担建筑装饰装修工程的单位应具备(相应的资质),并应建立质量管理体系。

15. 承担建筑装饰装修工程的人员应有相应的岗位(技能工作能力)。不得以普通工种人员,从事国家规定持证上岗的特殊工种工长。

16. 建筑装饰装修工程的施工质量应符合设计和(相关规范)的要求。

17 施工前应进行设计交底工作,并应对施工现场进行核查,了解物业管理的有关规定,避免野蛮(拆改施工)。

18. 承担装修工程应在基体和基层的质量验收合格后施工。对已有的建筑进行装饰装修前,应对基层进行处理并达到(标准规范)的要求。

19. 居住装饰装修工程施工中,严禁拆改(主体结构、承重结构);擅自拆改水、暖、电燃气、通信等配套设施。

20. 未经城市规划行政主管和相关管理部门批准改变(住宅外立面),任意在墙体上开门窗洞口;擅自拆改扩充卫生间使用区间面积,改变阳台用途。

21. 擅自拆改扩大主体结构上原有门窗洞口，拆除连接阳台的墙体，损坏（受力钢筋），严禁在预制混凝土空心楼板上打孔安装埋件，影响建筑结构和使用安全的行为。

22. 未经城市规划、城管、物业部门、业委会同意批准，严禁在公共区域内、房屋楼顶拆改设施加建（其他建筑物）。

23. 居住建筑装饰装修工程电器安装应符合设计要求和国家现行标准的规定。严禁不经穿管（直接埋设电线）。